广西高等职业教育示范特色专业系列教材
（园艺技术专业群）

特色花卉栽培

赖碧丹　主编

U0219564

中国农业大学出版社
·北京·

内容简介

本教材主要针对在华南地区栽培的兰科植物、凤梨植物、食虫植物、蕨类植物等珍奇特色花卉。以培养符合华南地区从事花卉栽培职业岗位要求的高等职业技术技能型人才为目标,以华南地区现代花卉产业发展要求为指导,以特色花卉栽培基本理论和生产实践技能为重点,突出生产实践技能教学。教材力求反映多种珍奇特色花卉的特点、栽培难度、栽培方式、繁殖方法等,以及在华南地区栽培珍奇特色花卉的栽培特点;所用栽培设施的类型、设施环境特点;繁殖技术等。全书力求科学性、先进性和实用性。

图书在版编目(CIP)数据

特色花卉栽培/赖碧丹主编. —北京:中国农业大学出版社,2019.6
ISBN 978-7-5655-2213-0

Ⅰ.①特… Ⅱ.①赖… Ⅲ.①花卉-观赏园艺-教材 Ⅳ.①S68

中国版本图书馆 CIP 数据核字(2019)第 096590 号

书　　名	特色花卉栽培		
作　　者	赖碧丹　主编		
策划编辑	姚慧敏　司建新	责任编辑	姚慧敏　郭建鑫
封面设计	郑　川		
出版发行	中国农业大学出版社		
社　　址	北京市海淀区学清路甲 38 号	邮政编码	100083
电　　话	发行部 010-62818525,8625	读者服务部	010-62732336
	编辑部 010-62732617,2618	出　版　部	010-62733440
网　　址	http://www.caupress.cn	E-mail	cbsszs @ cau.edu.cn
经　　销	新华书店		
印　　刷	涿州市星河印刷有限公司		
版　　次	2019 年 6 月第 1 版　2019 年 6 月第 1 次印刷		
规　　格	787×1092　16 开本　10.25 印张　190 千字		
定　　价	33.50 元		

图书如有质量问题本社发行部负责调换

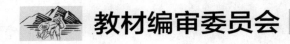

教材编审委员会

主　　任：杨昌鹏

副主任：罗英极

委　　员：梁业胜　　梁珠民　　李军成　　杨凤敏

　　　　　万荣泽　　陈成志　　覃海元　　邓玲姣

　　　　　欧善生　　梁业生　　尤文坚　　梁庆平

　　　　　蒋红芝

编写人员

主　编　赖碧丹(广西农业职业技术学院)

副主编　蒙志辉(广西农业职业技术学院)

参　编　(以姓氏笔画为序)

刘柳姣(广西农业职业技术学院)

莫鹏巧(广西农业职业技术学院)

崔忠吉(广西农业职业技术学院)

蒋琴杰(广西农业职业技术学院)

前　言

随着我国的观赏园艺市场的逐步扩大，互联网的进一步普及，人们通过互联网接触到了和以往传统观赏园艺有着巨大区别的一类型特色花卉。这些特色花卉在形态特征上、生活习性上、栽培方式方法上都比较特殊。在国外，针对这些特色花卉成立了专门的协会，研究这类型植物的种植、栽培、引种驯化。通过互联网接触、了解特色花卉，我国也逐步出现了针对这类型植物栽培的爱好者及种植业者，市场逐渐扩大。我国幅员辽阔，植物资源非常的丰富，有些植物观赏价值极高，但由于生境狭窄，环境特殊，数量极少，国内缺乏能针对这类型植物进行引种驯化并加以利用的人才。目前，各院校对于这类型花卉的栽培及教学是极少的，也没有专门的教材对此类型花卉进行综合性的描述。因此，编写特色花卉栽培教材，储备和培养具备全面栽培能力的人才是园艺专业教育工作者的重要任务。

本教材以"能力本位"的原则确定教学内容，实践技能突出"先进、实用"，通过"产教融合、职业教育与创业教育相融合"的教学方式适应新时代高素质技能型人才培养的要求。本教材不仅可以满足华南地区职业院校园艺、园林相关专业的教学需求，也可以作为园林及园艺爱好者的自学参考书。

本教材由赖碧丹担任主编，蒙志辉担任副主编，崔忠吉、刘柳姣、莫鹏巧、蒋琴杰参编。具体编写分工如下：绪论、项目三的模块一、项目四的模块一至模块四由赖碧丹编写；项目一由崔忠吉编写；项目二由蒋琴杰编写；项目三的模块二由莫鹏巧编写；项目四的模块五至模块七由蒙志辉编写；项目四的模块八由刘柳姣编写。

本教材在编写过程中，参考了大量相关文献，在此向有关专家及单位深表感谢！

由于编者水平有限，书中难免存在不妥之处，敬请读者批评指正。

编　者

2019 年 3 月

目 录

绪　　论

一、特色花卉概述

花卉产业的发达是一个国家经济发展和社会文明提升的重要标志之一,改革开放四十年以来,我国的花卉产业得到了快速的发展,花卉种植面积、开发的品种、生产数量逐年增多,出口范围逐步扩大,消费者可选择的花卉产品得到了极大的丰富,品质得到了极大的提升。随着互联网的普及与发展,消费者通过网站、论坛、各种社交软件等认识到了世界各地的花卉品种,一部分消费者对花卉品种的需求已不仅仅局限于常规花卉,为了满足消费者的需求,各个园艺公司、育种机构等通过资源收集、杂交育种等培育出许多珍奇的、特色的花卉品种。同时,国内外的植物园、植物相关科研机构采集、收集野生植物资源时,如何栽培是一个关键问题。因此园艺、园林类相关专业的学生,有必要对这些特色花卉有所认识,并学习其栽培方法。

（一）特色花卉的含义和范畴

广义的"花卉"是指具有一定观赏价值的植物,包括高等植物的草本、木本、藤本植物以及蕨类和苔藓类植物。

特色花卉是指在形态上特别,在栽培方式上与常规栽培不同,具有地方特色的有观赏价值的植物。如兰科植物、食虫植物、部分凤梨科植物等。

（二）特色花卉的资源

1. 世界特色花卉的资源

据不完全统计,目前全球已知植物种类有超过41万种,其中近1/6的种类具有观赏价值。目前,市场上常见的花卉种类,多数是通过对野生花卉进行人工驯化栽培、杂交育种后形成的,少部分是直接采集野生花卉进行运用。这些丰富的野生花卉资源广泛的分布于世界各地,随着千百万年的自然选择,很多种类的野生花卉为了适应生长环境,形态发生了各式各样的改变,如为了适应贫瘠土壤及水生环境,特化出可消化昆虫并转化为自身养分的器官的食虫植物;为了吸引昆虫传粉,部分兰科植物特化出欺骗昆虫传粉的花器官;为了防止被啃食,部分番杏科植物进化出与周围砂石环境相类似的外部形态等。这些生长方式特别,形态独特,极具观赏价值的野生花卉一直都是世界各大植物园、科研机构、育种学家、园艺爱好者所追求的。

从气候带来看,以热带地区分布的植物最多,全世界约有 25 万种高等植物,其中超过 17 万种生长在热带、亚热带地区。大多数的兰科植物、食虫植物、多肉多浆类植物等,均在这个气候带有所分布,如兰科植物在全球均有分布,几个较大的属如石豆兰属、石斛属主要分布于亚洲及太平洋各个群岛,卡特兰属主要分布于南美洲;食虫植物大多分布于东南亚各个国家及澳大利亚等国。

2. 中国特色花卉的资源

我国的植物资源十分丰富,是世界栽培植物八大起源中心之一。我国目前已知有高等植物共 470 科 3 万余种,居世界第三位,特别在西部及西南部由于特定的地理条件,形成了世界上某些观赏植物的分布中心。杜鹃花是世界名花,我国为杜鹃花属的世界分布中心,该属植物约有 900 种,其中我国约有 530 种,除新疆和宁夏外,南北各地均有分布,尤以云南、西藏和四川种类最多,其中不乏附生杜鹃等生长方式独特的种类。我国的秋海棠多样性十分丰富,不仅体现在植株形态及大小、叶片的形态和颜色、花和果实的形态等若干性状方面,还表现在生长环境和生活习性上,我国的喀斯特地区为秋海棠科侧膜组的分布中心。

(三)特色花卉栽培的作用

1. 提升景观品质,丰富文化生活

花卉在园林景观中是不可或缺的重要组成部分,是现代化城市的重要标志。如何体现一个城市的特色,作为城市名片之一的园林景观起着非常重要的作用。特色花卉的运用,特别是因地制宜的广泛利用适应本地区生长的,具有较强抗逆性的本土特色花卉,不仅可提升一座城市的花文化内涵,打造靓丽的城市名片,同时还可以节约大量的人力、物力,减少因施肥、打药等操作带来的不良环境影响,达到改善居住生态、美化环境的目的。

随着人们生活水平的不断提高，人们对花卉品种的需求已经不仅仅局限于常规的月季、菊花、一品红等植物，而逐步地扩大为对一些新奇、珍奇花卉的需求。这些花卉在栽培方式和生长环境上都与常规花卉有所不同，使人们不仅想欣赏，还希望能够掌握其栽培方法。国内外的花卉爱好者形成了专门栽培某种植物或某几种植物的组织，深入交流各种奇异特色花卉的栽培技术，促进了很多新的栽培方式的出现。

2. 提高经济价值，增加农业收入

花卉产业作为高附加值的农业产业，不仅可以满足人们对美的需求，同时也可以增加当地农业的收入。如蝴蝶兰产业是目前中国台湾地区的支柱产业之一，是中国台湾外销农产品的成功模式之一；泰国花卉产业靠兰花产业异军突起，现已成为世界最大的兰花鲜切花出口国。

特色花卉产业是一项新兴产业，该产业无须占用优质耕地，栽种特色花卉不仅有利于改善周围环境、空气质量等，同时很多特色花卉又是药用植物、香料植物等，有的种类还有一定的保健功能。特色花卉形态多样，更有助于人们对花卉资源的了解，是很好的科普材料。我国的特色花卉资源丰富，积极引种我国特色野生花卉，并大力培育生产花卉成品盆栽、鲜切花等进行销售，在发展农业，增加农民收入方面有着巨大的潜力。

3. 培养专业型栽培人才，保护及研究珍稀野生植物

我国幅员辽阔，地势高低起伏，既有"世界屋脊"青藏高原，也有广阔的沼泽湿地，有着丰富的野生植物资源，是"世界园林之母"，但目前我国的花卉产业所用的花卉品种大多属于"拿来主义"，自主育种的花卉品种非常的少。到目前为止，我国的植物资源，特别是具有观赏价值、育种价值的野生植物一直是国外育种家极力追求的，像目前花卉市场上的韩国大花蕙兰、比利时杜鹃、切花百合等，其育种亲本大多数来自我国的野生花卉资源。我国的特有野生观赏花卉资源长期以来都缺乏研究人员，栽培人员大多数都缺乏专业的栽培养护知识，采集的野生植物资源由于栽培养护技术不到位，导致很多珍贵的野生植物死亡，无法进行后续研究。

因此，培养专业型的栽培人才，不仅是保护珍稀野生植物资源的重要环节，也是科研人员进行后续育种、研究、利用的重要保障。

二、特色花卉产业发展的历史、现状和未来

（一）世界特色花卉发展历史及现状

从16世纪开始，以英国、荷兰、德国等为主的西方国家就开始对世界植物资源

进行收集。著名的有英国人亨利·威尔逊(E·H·Wilson),其先后五次来中国搜集可栽培的野生花卉,在18年的时间里,他的足迹遍及我国的川、鄂、滇、甘、陕等省,共搜集乔、灌木多达1 200种,其中包括4个新属和约400个新种。经过多年的收集、发展,形成了以英国邱园为代表的收集、栽培世界各地植物资源的专业植物园,并根据植物种类组成了若干个专业的协会以研究其栽培方式,有些协会还负责选育品种及杂交品种的注册登记工作,如位于英国的英国皇家园艺学会(Royal Horticultural Society,RHS),成立于1804年,是世界上唯一的、权威的兰花新品种登录机构,该机构只登录首次育成的兰花属间或种间杂交种;位于美国的国际食虫植物协会(International Carnivorous Plant Society,ICPS),成立于1972年,负责食虫植物通讯、文章搜索、品种注册登记、物种描述、食虫植物种植、种子银行等;位于美国的世界苦苣苔科植物协会(The Gesneriad Society,GS),负责世界上所有的苦苣苔科植物新品种的登录工作,支持苦苣苔科植物的科研,赞助相关的植物学家和学生,加强对苦苣苔科植物的保育工作等。

21世纪世界花卉产业发展迅猛,2016年全球花卉业产值约为550亿美元,特色花卉在花卉产业蓬勃发展的带动下,也取得了很好的经济效益。

以兰科为例,世界主要育种及生产兰花的国家和地区主要有荷兰、日本、中国台湾地区以及以泰国为主的东南亚各国。其中兰科植物中的春石斛大多作为盆栽销售,目前的育种主要以日本为首,从20世纪上半叶开始进行品种的杂交选育,我国销售的盆栽春石斛品种大多是由日本或者中国台湾地区育种者培育的。

秋石斛主要作为鲜切花和盆花销售,生产和销售的主力军是泰国。目前所销售的大部分兰花品种已经具有自主的知识产权,从收集种质资源、育种到成为世界上石斛兰及其他热带兰最大的输出国,仅用了短短的30年,其育种实力可见一斑。

目前,泰国兰花的产量位居世界首位,兰花出口值超过8 000万美元占泰国花卉总产值的77%。其中石斛兰的盆花和鲜切花的销售就占到整个泰国兰花产业的50%以上。在泰国的辐射带动下,东南亚各国近几年也积极地发展石斛兰产业,如越南、老挝等。现我国销售的秋石斛鲜切花品种均来自泰国。

(二)中国特色花卉发展历史及现状

我国特色花卉产业刚刚起步,具有很大的发展空间,目前有一部分爱好者钻研不同特色花卉的栽培技术。在经济上,特色花卉的上升空间也非常可观。同样地以兰科植物为例,根据2015年初广州的报价,石斛兰鲜切花目前批发报价为1.2

元/支,零售价格也是相当可观的。石斛盆栽花卉从几十元开始,至上百元的价格区间,售价在盆栽观赏花卉中较高。

观赏石斛兰在我国的商业栽培仅限于广东、云南、福建及海南四省的少量外资或港、台资企业。基本依靠进口种苗,在国内种植开花后通过广州和云南两个花卉集散和销售中心向全国销售,甚至出口。我国每年有超过5 000万株的观赏石斛兰需求量,按照现有国内商家市场的供给量,远远满足不了市场的需求,目前大部分还需要依靠进口才能得以满足。而在栽培方面更是缺乏专业人才。

(三)特色花卉的未来发展

为了占领市场,各国、各园艺公司目前都致力于培养独特、新颖的花卉品种,形成自己的特色优势,以满足广大客户对于花卉品种的需求。越来越多的年轻人通过网络接触到更多的花卉品种,80后、90后、00后逐渐成为花卉消费的主体人群,他们追求个性化的产品,进一步带动了特色花卉新品种的推广与应用。"互联网+"也使得小型种植户找到了市场,带动了一批爱好者由业余转向专业,特色花卉的需求也将进一步扩大。

三、特色花卉栽培的意义

欧美国家的花卉园艺品种丰富,新、奇、特花卉每年推陈出新,主要靠收集世界各地的优异花卉种质资源以及有专门的研究其栽培技术的人员,同时每年都开展栽培与育种竞赛。

英国、比利时等国家利用采集的原产于我国的杜鹃花资源,育出数千个杜鹃新品种,在欧美国家取得了非常好的效益,并同时将部分品种返销给我国。美国利用我国的牡丹资源,选育出多种牡丹新品种。日本利用我国的金花茶,育成花大色艳的黄色茶花品种。很多发达国家不惜重金,利用多种渠道广泛地收集品种资源和种质资源,并对这些资源进行杂交选育,目的就是为了能够占据国际花卉销售市场。

我国拥有非常丰富的特色花卉种质资源,但很多的野生种质资源在栽培上是有难度的,需要精细的护理,有些特色花卉的栽培方式与常规花卉有很大的不同。如苦苣苔科植物,我国拥有非常丰富的野生苦苣苔科植物资源,目前已知的约有58个属超过460种,其中27个属将近400种为中国所特有。其中的报春苣苔属大部分产于华南、西南岩溶地貌地区,是不亚于"室内花卉皇后"非洲堇的一类观赏花卉。通过引种驯化、杂交选育，可以打造我国特有的特色观赏植物，不仅有利于拓宽石漠化地区贫困农户的致富选择，并一定程度上对珍稀植物的复育，保护野生植物资源有积极的作用。

因此，学习和掌握特色花卉的栽培技术，对于广大园艺从业者来说是非常有必要的。

四、特色花卉栽培课程的教学内容与学习方法

（一）本课程的教学内容

特色花卉栽培课程的教学任务是理论教学与实践教学相结合，综合运用现代多媒体教学手段及先进的实验实训设施设备，让学生系统地掌握特色花卉的栽培技术及养护技术的基本理论和基本技能。

1. 理论教学内容

理论教学内容包括认识基本的栽培设施设备，认识栽培特色花卉所用的栽培基质，特色花卉主要栽培方式及肥料使用，认识特色花卉的种类及栽培方式，特色花卉的栽培养护及病虫害防治等。

2. 实践教学内容

实践教学内容包括观察特色花卉的形态及特征，特色花卉的栽培、种植，记录特色花卉生长规律，特色花卉病虫害发生的规律及防治，特色花卉的肥水管理技术等。

（二）本课程的学习方法

本课程的理论性和实践性都比较强，需要掌握的知识点较多，以及对于实践操作有一定的要求，因此教学中应始终以传授理论知识和强化实践技能为主，综合运用现代多媒体教学手段与先进的实验实训设施设备，灵活多样地进行教学。主要的学习方法包括以下几种。

1. 理论与实践相结合学习法

本课程实践性较强，在理论教学中穿插实践教学更有利于学生掌握教学内容。加强理论与实践相结合，努力提高学生的实践和动手能力。例如，在学习"特色花卉主要的栽培方式"这一模块内容时，可采取实际操作的教学方法，让学生仔细观察多种栽培的方式，分析不同栽培方式的特点，掌握不同花卉的适宜栽培方式。

2. 讲授与自学相结合学习法

"师傅带进门,修行靠个人",特色花卉的种类繁多,变化万千,在课堂上教师无法一一讲解,需要靠学生在课外自学以更好地拓地和延伸课堂教学内容。教师在课堂上对重点和难点进行详细讲授,课堂外的延伸内容由学生自学查阅资料学习。

3. 传统手段与现代网络技术相结合学习法

课堂上,教师主要以传统的课题模式进行讲解。课外,学生可通过网络资源库,各个专业性的网站进行学习,也可组成学习小组进行讨论,利用互联网查找国内外特色花卉的相关信息等。

4. 校园学习与创新创业相结合学习法

把创新创业融入教学中,让同学们在"教中学,学中创"。有些特色花卉所用的栽培场所并不是很大,只需要几十平方米的面积就可以成为一个小型的创业项目,可以鼓励有兴趣的学生尝试由小做起,接触创业,成为一条新的创业渠道。

项目一

特色花卉栽培的设施设备

项目提要

本项目介绍了设施设备的种类,主要涵盖了特色花卉栽培的设施种类及设施环境调控的设备种类;其中特色花卉栽培的设施种类包含了简易保护设施、塑料薄膜拱棚、现代化温室。设施环境调控的设备种类包含了降温设备、加温设备以及防虫设备。

 模块一 特色花卉栽培的设施种类

一、认识简易保护设施

(一)风障

风障就是在冬春季节设置在栽培地迎风面的挡风屏障,设立风障的栽培畦叫作风障畦。传统的风障按高度、大小等可以分为大风障和小风障两种,大风障由篱笆、披风及土背组成,篱笆由芦苇、高粱秆、竹子、玉米秆等夹制而成,离地高度2.0～2.5 m,由稻草、谷草、塑料薄膜围在篱笆的中下部位制成披风,基部用土培成30 cm高的土背,一般冬季防风范围在10 cm左右。小风障高1 m左右,一般只用谷草和玉米秆制成,防风范围在1 m左右。

风障不仅能降低风速,还有减少水分蒸发和降低相对湿度的作用,从而改善植物的生长环境。

(二)阳畦

阳畦又叫冷床,由风障畦演变而成,即由风障畦的畦埂加高、增厚成为畦框,并在畦面上增加采光和保温覆盖物,是一种白天利用阳光增温,夜间利用风障、畦框、覆盖物防寒保温的园艺设施。主要由框、玻璃(薄膜)窗、覆盖物(蒲席、草席)等组成。

1. 畦框

畦框用土做成。分为南北框及东西两侧框。其尺寸规格依冷床类型而定。

(1)抢阳畦　北框比南框高而薄,上下成楔形,四框做成后向南成坡面,故名抢阳畦。北框高 35～60 cm,底宽 30 cm,顶宽 15～20 cm;南框高 20～40 cm,底宽 30～40 cm,顶宽 30 cm,厚度与南框相同,畦面下宽 1.66 m,上宽 1.82 m。畦长 6 m,或成 6 m 的倍数,做成连畦。

(2)槽子畦　南北两框接近等高,框高面厚,四框做成后近似槽形,故名槽子畦,北框高 40～60 cm,宽 35～40 cm;南框高 40～45 cm,宽 30～35 cm,东西两侧框宽 30 cm 左右,畦面宽 166 cm,畦长 6～7 m,或做成更长的联畦。

2. 玻璃窗

畦面可以加玻璃窗。加盖玻璃的称为"热盖",否则为"冷盖"。玻璃窗的长度与畦的宽度相等,窗的宽度 60～100 cm,每扇窗镶 3 块或 6 块玻璃。用木材做成窗框,或用木条做支架并覆盖散玻璃片。生产中大多采用竹竿在畦面上做支架,而后覆盖塑料薄膜称为"薄膜阳畦"。

3. 覆盖物

大多采用草席或者蒲席覆盖,这是阳畦防寒保温的主要设备。

阳畦内的热量主要来源于太阳,受季节和天气的影响很大,同时阳畦存在局部温差。晴天床内温度偏高;阴雪天气,床内温度较低。床内昼夜温差也比较大,可达 10～20℃。由于畦内部受光量不匀,形成局部温差。通常畦内南半部和东西部温度较低,北半部温度较高。阳畦内的温度分布不均衡,常造成花卉生长不整齐。

(三)温床

温床指除了利用太阳辐射能外,还需人为加热以维持较高温度的保护地类型。一般温床的建造选在背风向阳、排水良好的地方。温床热源除利用太阳能增温外,还可利用酿热、火热(火道)、水暖、地热和电热等进行加温。

建造温床时,要选择适宜的场地,可以参考阳畦的场地选择。另外,当地地下水位的高低以及降雨的多少也应该同时考虑在内。在地下水位低的北方地区或冬季和春季雨水较少的地区可以选择做成地下式温床,这样有利于增强保温效果。

在雨水较多的南方地区,除应建成地上式外,还应在温床的四周加开排水沟,以免造成温床内积水而影响加温效果。

根据加温热能来源的不同,可将温床分为酿热温床、电热温床、火热温床等。其中以酿热温床和电热温床在生产实践中应用最广。

1. 酿热温床

酿热温床是利用细菌、真菌、放线菌等好气性微生物的活动,分解酿热物释放出热能来提高温床的温度。

好气性微生物的活动强弱与许多因素有关。如酿热物的主要成分(C/N,即碳氮比),酿热物内部空气、水分的含量,酿热物的底温等。在空气和水分适宜的情况下,酿热物的成分是影响酿热物发热时间长短、温度高低的主要因素。一般认为,酿热物的 C/N 大于 30,则发热的温度低,发热时间较长;相反,如果 C/N 小于 20,则发热的温度高,但持续时间较短。

(1)床框 有土、砖、木等结构,以土框为主。床框宽约 1.5 m,长 4 m,前框高 15～20 cm,后框高 25～30 cm。

(2)床坑 有地下、半地下和地上三种形式,以半地下为主。床坑大小与床框一致,深度依温度要求和酿热物填充量来定。为使床内温度均匀,床坑常做成中部浅、填入酿热物少,四周深、填入酿热物较多。

(3)覆盖材料 温床顶加玻璃或塑料薄膜呈一斜面,用以覆盖床面,以利于阳光射入,增加床内温度。

(4)酿热物 酿热温床的发酵物根据其发酵速度快慢可分为两类,发热快的有马粪、鸡粪等,发热慢的有稻草、落叶、有机垃圾等。发酵快的发热持续时间短,发酵慢的发热持续时间长,因此在实际应用中,可将两类酿热物配合使用,效果较佳。

酿热温床虽具有发热容易,操作简单等优点,但是发热时间短,热量有限,温度前期高、后期低,而且不易调节,已不能满足现代农业发展的要求,其使用正逐步减少。

2. 电热温床

电热温床是利用电流通过电热线产生的热能,以提高床内温度的温床。电热温床由于用土壤电热线加温,因而具有升温快、地温高、温度均匀等特点,并通过控温仪实现床温的自动控制。

电热温床与发酵热温床结构相似,但床坑内的结构有所不同,自下而上可分为3层。

（1）隔热层　在最底层铺一层炉渣、作物秸秆等阻止热量向土壤深层传递，以节省电能。

（2）散热层　隔热层上先铺3 cm左右厚的沙子或床土，布好电热线，再铺3 cm左右厚的沙子，适当压实。

（3）床土　在散热层上铺播种床土进行播种。也可以不铺床土，直接把播种箱、育苗穴盘等放在铺有电热线的散热层上。

电热加温设备主要有：电热加温线、控（测）温仪、继电器（交流接触器）、电闸盒、配电盘（箱）等。

电热温床主要用于冬春季花卉的育苗和扦插繁殖。由于其具有增温性能好、温度可精确控制和管理方便等优点，现在生产上已广泛推广应用。

（四）地面简易覆盖

简易覆盖是设施栽培中的一种简单覆盖栽培形式，即在植株或栽培畦面上，用各种防护材料进行覆盖生产，如我国北方地区在土壤封冻前，在畦面上盖上树叶、秸秆、马粪等保护越冬菜（如韭菜等）安全越冬，有利于防冻早收；我国西北干旱地区利用粗沙或鹅卵石、大小不等的沙石分层覆盖土壤表面，保墒、升温快，防杂草，种植白兰瓜，称为"沙田栽培"；还有夏季对浅播的小粒种子，如芹菜，用稻草或秸秆覆盖，促使幼苗出土和生长等，都是传统的简易覆盖方法。

地膜覆盖是一种适应性广，应用量大，促进覆盖作物早熟、高产、高效的农业新技术。它是在土壤表面覆盖一层极薄的农用塑料薄膜，具有提高地温或抑制地温升高、保墒、保持土壤结构疏松、降低室内相对湿度、防治杂草和病虫、提高肥效等多种功能，能为各种农作物创造优良栽培条件。不仅在蔬菜等园艺作物上，而且在我国粮、棉、油、烟、糖、麻、药材、茶、林、果等40多种作物上应用，可普遍增产30%～40%。从1978年引进，1979年开始推广，至2000年蔬菜地膜覆盖面积超过240万 hm²，成为我国发展高效农业的先进实用技术之一。

地膜的种类很多，按树脂原料可分为高压低密度聚乙烯地膜、低压高密度聚乙烯地膜等。按其性质及功能可分为普通地膜和特殊地膜。

（1）普通地膜　其中有广谱地膜和微薄地膜。广谱地膜无色透明，增温、保墒性能良好，可用作多种形式的覆盖，多用于早春早熟栽培覆盖，一般厚度为0.014 mm左右，幅宽为70～250 cm，每1 000 m²用量10～15 kg；微薄地膜的透明度不及广谱地膜,为透明或半透明状,增温、保墒性能和强度都略差,其厚度为 0.008~0.010 mm,幅宽多为 80~120 cm,每 1 000 m² 用量为 6~9 kg。

（2）特殊地膜　其种类很多,常见的有有色地膜、除草地膜、避蚜地膜、微孔地膜等。如有色地膜中有黑色和绿色的除草地膜,能有效地防除杂草。黑白两色地膜,一面为乳白色,另一面为黑色,使用时乳白色的一面朝上,有增加反光的作用;黑色的一面向下,可降低地温同时防止杂草生长。银灰色地膜具有增加反光和避蚜双重效果。除草地膜是在制作地膜的同时,将除草剂混入或附在地膜的一面,覆盖时将有除草剂的一面向下贴地,当遇到水分时,除草剂慢慢溶于水并回落到地面,形成的药土层起到除草作用。

地膜覆盖形式有垄面覆盖、畦面覆盖、高畦沟覆盖、高畦穴覆盖、沟畦覆盖、地膜加小拱棚覆盖等多种形式。

（3）无纺布覆盖　无纺布,又称不织布,由聚乙烯醇、聚乙烯等为原料制成的短纤维无纺布,有聚丙烯、聚酯等为原料制成的长纤维无纺布,分别有 17 g/m²、20 g/m²、30 g/m²、50 g/m² 的不同规格品种,除具有透光、保温、保湿等功能外,还兼具透气吸湿的特点,常被用于替代传统作业的秸秆等覆盖。具有防草、防虫、防鸟、防旱和保温保墒等功能,实现冬春季保护各种作物安全越冬,是一种广泛应用的覆盖技术。

二、认识塑料薄膜拱棚

（一）塑料小拱棚

小拱棚是利用塑料薄膜和竹竿、竹片等易弯成弓形的支架材料做成的低矮保护设施,其具有结构简单,体形小,负载轻,取材方便等特点,常作为临时性保护措施。

小棚一般高 1.0~1.5 m,跨度 1.5~3.0 m,长度 10~30 m,单棚面积 15~45 m²。拱架多用型材料建成,如细竹竿、竹片、木条,直径 6~8 mm 钢筋等,拱杆间距 30~50 cm,覆盖 0.05~0.10 mm 厚聚氯乙烯或聚乙烯薄膜,外用压杆或压膜线等固定。根据其覆盖的形式不同可分为以下几种。

1. 拱圆形小棚

拱圆形小棚是生产上应用最多的类型,多用于北方。高度 1 m 左右,宽 1.5~2.5 m,长度依地而定。因小棚多用于冬春生产,宜建成东西延长,为加强防寒保温,可在北侧加设风障,也可在夜间加盖草苫保温。

2. 半拱圆小棚

半拱圆小棚的棚架为拱圆形小棚的一半,北面筑高 1 m 左右的土墙或砖墙,南面成一面坡形覆盖或为半拱圆棚架,一般无立柱,跨度大时加设 1～2 排立柱,以支撑棚面及保温覆盖物。棚的方向以东西延长为好。

3. 双斜面小棚

双斜面小棚的屋面呈屋脊形或三角形。棚向东西或南北延长均可,一般中央设一排立柱,柱顶拉紧道 8 号铁丝,两边覆盖薄膜即成。适用于风少雨多的南方地区,因为双斜面不易积雨水。

（二）塑料中棚

通常把跨度在 4～6 m,棚高 1.5～1.8 m 的棚称为中棚。中棚可以在棚内作业,其外可以覆盖保温材料如草席等。一般中棚有竹木结构、钢管或钢筋结构、钢竹混合结构,其内可以设置 1～2 排支柱,也可不设支柱。塑料中棚的结构类似于塑料大棚。

（三）塑料大棚

塑料大棚是用塑料薄膜覆盖的一种大型拱棚。通常把不用砖石结构围护,以竹、木、水泥柱或钢材等做骨架,上覆塑料薄膜的大型保护地栽培设施称为塑料大棚。它和温室相比,具有结构简单、建造和拆装方便,一次性投资较少等优点;与塑料中、小棚相比,又具有坚固耐用,使用寿命长,棚体空间大,作业方便及有利作物生长,便于环境调控等优点。

1. 塑料大棚的类型

目前生产中应用的塑料大棚,按棚顶形状可以分为拱圆形和屋脊形,我国绝大多数为拱圆形。按骨架材料则可分为竹木结构、钢架混凝土柱结构、钢架结构、钢竹混合结构等。按连接方式又可分为单栋大棚、双连栋大棚和多连栋大棚。

2. 塑料大棚的结构

塑料大棚最基本的骨架由立柱、拱杆(拱架)、拉杆(纵梁)、压杆(压膜线)等部件构成,俗称"三杆柱",其他形式都是在此基础上演化而来的。通常在棚的一端或两端设立棚门,便于出入。

（1）立柱 立柱是塑料大棚的主要支柱，承受棚架、棚膜重量以及雨雪负荷和受风压的作用。立柱要垂直，或倾向于引力。立柱可采用竹竿、木柱、钢筋水泥混凝土柱等，埋置的深度要在 40～50 cm。

（2）拱杆（拱架） 拱杆是大棚的骨架，横向固定在立柱上，两端插入地下，呈自然拱形，决定大棚的形状和空间形成，起支撑棚膜的作用。拱杆的间距为 1.0～1.2 m，由竹片、竹竿或钢材、钢管等材料焊接而成。

（3）拉杆 拉杆起纵向连接拱杆和立柱，固定压杆，使大棚骨架成为一个整体的作用。用较粗的竹竿、木杆或钢材作为拉杆，距立柱顶端 30～40 cm，紧密固定在立柱上，拉杆长度与棚体长度一致。

（4）压膜线 扣上棚膜后，于两根拱杆之间压一根压膜线，使棚膜绷平压紧，压膜线的两端，固定在大棚两侧设的"地锚"上。

（5）棚膜 覆盖在棚架上的塑料薄膜。棚膜可采用 0.1～0.12 mm 厚的聚氯乙烯（PVC）或聚乙烯（PE）薄膜以及 0.08～0.1 mm 的醋酸乙烯（EVA）薄膜，这些专用于覆盖塑料薄膜大棚的棚膜，其耐候性及其他性能均与非棚膜有一定差别。除了普通聚氯乙烯和聚乙烯薄膜外，目前生产上多使用无滴膜、长寿膜、耐低温防老化膜等多功能膜作为覆盖材料。

（6）门窗 一般大棚的门设在棚的两端，作为出入口，门的大小设置要考虑作业方便，太小不利进出，太大不利保温。大棚顶部还可以设置天窗，两侧设进气窗作通风口等。

3. 塑料大棚的构型

根据建造大棚的材料和大棚结构特点的不同，目前生产使用的塑料大棚主要有以下几种构型：

①竹木结构大棚

②钢架结构大棚

③混合结构大棚

④装配式钢管结构大棚

4. 塑料大棚的性能

（1）温度 塑料大棚有明显的增温效果，这是由于地面接收太阳辐射，而地面有效辐射受到覆盖物阻隔而使气温升高。同时，地面热量也向地中传导，使土壤蓄热。

塑料大棚内存在着明显的季节性变化。

塑料大棚内气温的日变化规律与外界基本相同,即白天气温高,夜间气温低。日出后 1～2 h 棚温迅速升高,7—10 时气温回升最快,在不通风的情况下平均每小时升温 5～8℃,每日最高温出现在 12—13 时。早春低温时期,通常棚温只比露地高 3～6℃,阴天时的增温值仅 2℃左右。

塑料大棚内不同部位的温度状况有差异,每天上午大棚东侧的温度较西侧高。中午高温区出现在棚的上部和南端;下午高温区又出现在棚的西部。大棚内垂直方向上的温度分布也不相同,白天棚顶部的温度高于底部 3～4℃,夜间正相反。大棚四周接近棚边缘位置的温度,在一天之内均比中央部分要低。

塑料大棚内地温虽然也存在着明显的日变化和季节变化,但与气温相比,地温比较稳定,且地温的变化滞后于气温。

（2）湿度　在密闭的情况下,塑料大棚内空气相对湿度的一般变化规律是:棚温升高,相对湿度降低;棚温降低,相对湿度升高;晴天、风天时相对湿度降低,阴天、雨（雪）天时相对湿度增大。大棚内空气相对湿度也存在着季节变化和日变化。一年中大棚内空气相对湿度以早春和晚秋最高,夏季由于温度高和通风换气,空气湿度较低。一天中日出前棚内相对湿度高达 100％,随着日出逐渐下降,12—13 时湿度最低,又逐渐增加,午夜可达到 100％。

（3）光照　大棚内光照状况与天气、季节及昼夜变化、方位结构、建筑材料、覆盖方式、薄膜洁净和老化程度等因素有关。

不同季节太阳高度不同,大棚内的光照强度和透光率也有所不同。一般南北延长的大棚,其光照强度由冬、春至夏的变化不断加强,透光率也不断提高,而随着季节由夏、秋至冬,其棚内光照则不断减弱,透光率也随之降低。

大棚内光照存在着垂直变化和水平变化。从垂直看,越接近地面,光照度越弱;越接近棚面,光照度越强。从水平方向看,南北延长的大棚棚内的水平照度比较均匀,水平光差一般只有 1％左右。但是东西向延长的大棚,不如南北延长的大棚光照均匀。

三、认识现代化温室

现代化温室,又称连栋温室或智能温室,是花卉栽培设施的高级类型;其机械化、自动化程度很高,劳动生产率高。现代化温室内部环境可自动化调控,基本不受自然条件的影响,能全天候进行设施花卉的生产。荷兰是现代化温室的发源地。

现代化温室的类型主要有以下两种:

（一）连栋大棚

连栋大棚是一种圆拱形连栋塑料大棚，除了大棚山墙外，顶面侧面都可以通过手动或者电动卷膜机把覆盖材料卷起来，形成类似露地种植的状态，其更有利于盛夏高温季节的花卉栽培。

（二）玻璃温室

玻璃温室，主要采用钢架和铝合金相结合作为温室骨架，四周覆盖材料为 5 mm 中空浮法玻璃，顶部覆盖材料为 8 mm PC 阳光板，透光率要求大于等于 80%。温室单跨度为 6.4 m，8.0 m，9.6 m 不等。

近年来，我国针对亚热带地区气候特点对其结构参数加以改进、优化，加大了温室高度，檐高从传统的 2.5 m 增高到 3.3 m，甚至 4.5 m 或 5.0 m，小屋面跨度从 3.2 m 增加到 4.0 m，间柱的距离从 4.0 m 增加到 4.5 m、5.0 m，并加强顶侧通风，设置外遮阳和湿帘降温系统，提高了其在亚热带地区应用的效果。

■ 知识拓展

推荐书目：

陈杏禹，李立申. 园艺设施[M]. 北京：化学工业出版社，2011.

汪李平，杨静. 设施农业概论[M]. 北京：化学工业出版社，2017.

 模块二　认识设施环境调控设备

一、认识降温设备

（一）遮阳网

俗称遮光网、凉爽纱，国内产品多以聚乙烯、聚丙烯等为原料，是经加工制作编织而成的一种轻量化、高强度、耐老化、网状的新型农用塑料覆盖材料。利用它覆盖作物具有一定的遮光、防暑、降温、防台风暴雨、防旱保墒和防病虫等功能，用来替代草帘、玉米秆等农家传统覆盖材料，进行夏秋高温季节作物的栽培或育苗，已成为中国南方地区克服蔬菜夏淡季的一种简易实用、低成本、高效益的蔬菜覆盖新技术。

该项技术与传统草帘遮阳栽培相比,具有轻便、管理操作省工、省力的特点,而草帘虽然一次性投资低,但使用寿命短,折旧成本高,贮运铺设不便,遮阳网一年内可重复使用4～5次,寿命长达3～5年,虽然一次性投资较高,但年折旧成本反而低于草帘,一般仅为草帘的50%～70%。自1987年使用以来,到2000年已推广到15万 hm²,成为南方地区晴热型夏季条件下进行优质高效叶菜栽培的主要形式。

1. 遮阳网的种类

依颜色分为黑色或银灰色,也有绿色、白色和黑白相间等品种。依遮光率分为35%～50%,50%～65%,65%～80%和≥80%等四种规格,应用最多的是35%～65%的黑网和65%的银灰网。宽度有90 cm、150 cm、160 cm、200 cm、220 cm不等,每平方米重45～49 g。根据遮阳网的编制所用经纬线形状,分为圆丝遮阳网、扁丝遮阳网、圆扁丝遮阳网三类,选购遮阳网时,要根据作物种类的需光特性、栽培季节和本地区的天气状况来选择颜色、规格和幅宽。遮阳网使用的宽度可以任意切割和拼接。但要注意剪口需要重新烫牢固,防止开边。

2. 大棚遮阳网的覆盖形式

我国南方地区冬春塑料薄膜大棚栽培蔬菜之后,夏季闲置不用的大棚骨架盖上遮阳网进行夏秋蔬菜栽培或育苗的方式,是夏秋遮阳网覆盖栽培的重要形式。根据覆盖的方式又可分为棚内平盖法、大棚顶盖法和一网一膜三种。棚内平盖法是利用大棚两侧纵向连杆为支点,将压膜线平行沿两纵向连杆之间拉紧连成一平行隔层带,再在上面平铺遮阳网。

(二)水帘

水帘又叫湿帘,是一种利用水的蒸发吸热原理来给温室降温的湿帘风机强制降温系统。工作原理是在温室一侧设置纸制蜂窝结构材料墙,通过水泵将水抽至材料墙上部,使纸质材料墙被水浸透。再于另一侧安装相应数量的负压风机,当需要降温时,打开水泵和风机,风机将温室内的空气强制抽出,从而形成负压,另一侧水帘就会被室外空气穿过,水膜中的水会吸收空气中的热量,然后蒸发带走大量的热,使经过水帘的空气温度降低从而达到降温的目的。

(三)降温风扇

降温风扇,也叫雾化降温风扇,是一种户外制冷系统或开放开阔式室内用制冷

系统,是通过水分蒸发,快速吸收热量的一种风扇。

(四)空调

空调以密闭空间安装的制冷空调为主,在南方通常作为小型温室的降温设备,由于成本高昂等因素还未大范围使用。

二、认识加温设备

(一)加热线

加热线,也叫电热线,是用于土壤加温的电阻较大的导线。其原理是利用电流通过电阻较大的导线时导线放热产生热量而加热周围环境。

(二)热风机

热风机,分为传统的煤炭或柴油热风机,另外还有以电力作为能源的电热风机,传统热风机由鼓风机、加热器、控制电路三大部分组成。它实现了工作温度、风量的调控。另外,热风机还对通风机进风口、电机设置了超温保护回路及对总电路设置了过流保护开关,更进一步完善对设备的保护。通电后,鼓风机把空气吹送到加热器里,令空气从螺旋状的电热丝内、外侧均匀通过,电热丝通电后产生的热量与通过的冷空气进行热交换,从而使用出风口的风温升高。出风口处的 K 型热电偶及时将探测到的出风温度反馈到温控仪,仪表根据设定的温度监测工作的实际温度,并将有关信息传递回固态继电器进而控制加热器工作。同时,通风机可利用风量调节器(变频器、风门)调节吹送空气的风量大小。

三、认识防虫设备

防虫网是以高密度聚乙烯等为主要原料,经挤出拉丝编织而成的 20～30 目(每 2.54 cm 长度的孔数)等规格的网纱,防虫网是一种以添加防老化、防紫外线等化学助剂的优质聚乙烯为原料,经拉丝制造而成的,形似窗纱,具有抗拉强度大、抗热、耐水、耐腐蚀、耐老化、无毒无味的特点。防虫网是以构建人工隔离屏障将害虫拒之于网外,从而达到防虫保菜的目的,使用寿命一般在 5 年以上。由于防虫网覆盖能简易、有效地防止害虫对夏季小白菜等的危害,所以在南方地区作为无(少)农药蔬菜栽培的有效措施而得到推广。

（一）防虫网的种类

目前生产上主要应用的防虫网有三类，以满足不同蔬菜品种对光照的要求和忌避害虫的需要。一是银灰色防虫网或铝箔条防虫网，它的避蚜效果好。二是白色防虫网，其透光率较银灰色的好，使用比较普遍，但夏季棚内温度略高于露地，适用于大多数喜光的蔬菜栽培。三是黑色防虫网，其遮阳降温效果好。

（二）防虫网的品种和规格

目前防虫网按目数分为 20 目、24 目、30 目、40 目，按宽度有 100 cm、120 cm、150 cm，按丝径有 0.14～0.18 mm 等数种。使用寿命为 3～4 年，色泽有白色、银灰色等。其中，以 20 目、24 目防虫网最为常用。

（三）主要覆盖形式

一是全网覆盖法。即在棚架上全部覆盖防虫网。这种覆盖方式，盖网前先按常规精整田块，下足基肥，同时进行化学除草和土壤消毒，随后覆盖防虫网。四周用土压实，棚管间拉绳压网防风，实行全封闭覆盖。这种覆盖法常用的有大棚覆盖和小拱棚覆盖两种。前者是利用已有的大棚骨架覆盖防虫网，实行全封闭覆盖，又可分为单个大棚覆盖和 2～4 个拱棚连体覆盖。后者是以钢筋或竹片弯成拱棚架于大田厢面，网覆盖于拱架顶上，全封闭覆盖，四周压实，覆盖前进行除草和土壤消毒。小拱棚的高度、宽度以作物种类、厢面的大小而异。通常棚宽不超过 2 m，棚高为 40～60 cm。这种方法特别适合在没有钢管大棚的地区使用，同样起到防虫保菜作用。二是网膜覆盖法。即防虫网与农膜结合覆盖。棚架顶盖农膜，四周围防虫网。这种方式避免了雨水对土壤的冲刷，可以保护土壤结构，降低土壤湿度，避雨防虫。而在晴热天气，易引起棚内高温。可利用前茬夏菜栽培的旧膜进行防虫覆盖栽培，以降低成本。也可在塑料大棚的门、窗通风口等处用防虫网进行覆盖，能有效地阻止害虫进入，减少病虫害发生的概率。

（四）防虫网对花卉的影响与应用

1. 防虫网对温度的影响

（1）防虫网对气温的影响　一般研究认为，由于防虫网对空气的滞阻作用，致使覆盖防虫网具有增温作用。同时，不同颜色防虫网对温度的影响程度不同，总的变化趋势为防虫网颜色越深,棚内最高温度越低,棚内最低温度越高。

（2）防虫网对地面温度的影响 通过在防虫网内定点高度处观测地下 3 cm 和 5 cm 深处的地温发现,防虫网内地温均低于防虫网外,这可能与防虫网的弱遮阴作用有关。在土壤都较湿润的情况下,网内的地面温度均高于露地。

2. 防虫网对湿度的影响

高温季节由于防虫网内白天温度较网外高且空气流通不畅,网内湿度平均较网外高 5%～9%,多云天气或阴雨天网内湿度明显高于露地。网内高温高湿、弱光是造成花卉徒长、腐烂的主要原因。防虫网内的相对湿度大于防虫网外的相对湿度,一般网内比网外高 5%～8%。

3. 防虫网对风速的影响

由于防虫网对空气流通具有阻碍作用,防虫网具有降低风速的作用。当网外风速较小时,网内风速为静风或相当小。当网外风速较大时,防虫网对风的减弱作用明显。

4. 防虫网对光照的影响

由于防虫网对阳光的遮光作用以及反射作用,覆盖能明显降低光照强度,尤其是晴天遮光效果更明显,因此,在春秋季用防虫网栽培时,应注意选择耐弱光适合设施栽培的优良品种。

5. 防虫网的防虫效果

防虫网通过物理阻挡和扰乱害虫生理习性可以起到防止害虫入侵观赏花卉的作用。覆盖防虫网后,由于网眼小,全生长期覆盖,害虫成虫钻不进,可以形成人工屏障隔离,有效地防止害虫侵入。

6. 防虫网防止病毒病的发生

观赏花卉植物发生病毒病,应用防虫网后,切断了害虫的传毒途径,有利于减轻病毒病的危害。防虫网由于防虫防病效果显著而得以迅速推广,并有继续扩大的趋势。

7. 防虫网减轻暴雨冰雹的冲刷与破坏

应用防虫网可抑制暴雨的冲刷,效果比较明显。暴雨经撞击后进入网内已减弱为细雨,冲击力大幅度减小,对叶片损伤程度降低,发病率降低,提高了花卉的品质,同时防虫网也可减轻冰雹对花卉的破坏作用。

8. 防虫网可以提高观赏花卉产量

通过防虫网的物理作用,改善观赏花卉生长环境,使之更适合作物生长。如改善光照,调节温度和湿度,减轻风速以及防止有害昆虫入侵等都可改善生长环境,促进花卉生长并提高经济产量。

知识拓展

推荐书目:

于晶.设施园艺植物与环境[M].银川:宁夏人民出版社,2014.

项目自测

1. 塑料薄膜棚的类型有哪些?
2. 设施中的加温设备有哪些?
3. 设施中的降温设备有哪些?
4. 防虫网的用途是什么?
5. 防虫网对花卉的影响有什么?

项目小结

本项目简要地介绍了设施的种类以及各设施设备的主要用途,调控设施环境的主要设备等。

认识特色花卉栽培基质

项目提要

本项目介绍了特色花卉栽培基质的种类、来源、用途、价格、优缺点、使用方法以及发展现状等内容。

栽培基质一般称作营养基质，是指用来代替土壤以栽培作物的介质，栽培基质可以用来栽培花卉、蔬菜、果树以及其他园艺作物。生长介质对花卉生长有着密切的关系，根据花卉的品种，选择最优的栽培介质是花卉栽培成功与否的关键。栽培基质质量的好坏直接影响到花卉和其他园艺作物的生长和发育。

模块一 特色花卉栽培基质的类型及特点

基质的性状包括三部分内容，即物理性状、化学性状和生物性状。

一是物理性状：衡量基质物理性状的指标有质地、容重、通气性、孔隙度和均一性等。

二是化学性状：衡量基质化学性状的指标包括 pH、缓冲性、电导率以及阳离子交换量等。

三是生物性状：栽培者最关心的生物性状是分解率和稳定性。基质的分解率指基质在生物作用下分解的速率。稳定性指基质成分分解的难易性或抗性强弱。可利用碳氮比来衡量其稳定性。

栽培基质作为植物生长的介质，要能够为植物的生长发育提供良好的水、气、肥等根际环境，应具有支持和固定植株以及供给植物水分、养分和氧气的功能，保证根际的水分供给、气体交换和养分供应。

基质栽培作为无土栽培的一个重要方面，它与水培和雾培有着根本的区别，水培和雾培中,最关键的是营养液的浓度、配比和元素的种类,营养液是水培和雾培的核心,而在基质栽培中,处于核心地位的是基质的选择,包括基质的种类及配比。与水培相比较,基质栽培具有一定的缓冲能力,对水质的要求不如水培严格。基质栽培优于水培的方面有:栽培基质性能稳定、所需设备简单、投资较少、管理容易。因此,目前市场上越来越多地采用固体基质栽培来取代水培。基质除了具有支持、固定植株的作用外,更重要的是充当"中转站"的作用,来自营养液的养分、水分以基质为中介进行中转,植物根系从基质中选择性吸收所需要的物质。

对于无土栽培而言,决定植物根系生长环境最关键的因素是基质。基质的特性影响植物根系的生长以及植物对养分、水分的吸收和利用,水分和养分的供应管理技术根据基质的特性而定。所以,基质的研究是无土栽培的第一步,同时也反映了无土栽培的水平。基质的研究发展和产业化程度是无土栽培水平的一种体现。基质的质量是花卉作物栽培生产中一个最重要的因子。

可用作栽培基质的材料种类繁多,有的是变废为宝,这主要是对有机基质而言;有的是矿物质经过高温膨化而成;有的则直接来自矿物质。

固体基质大致可分为三大类:① 有机基质(如木屑、树皮、椰壳、泥炭、花生壳、水苔、核桃壳、稻壳、蔗渣、菇渣、芦苇末等);② 无机基质(如珍珠岩、蛭石、陶粒、级配碎石、植金石、兰石、火山石、轻石、木炭、竹炭、沙石、岩棉等);③ 配方基质("无机+无机"型,如陶粒+珍珠岩;"有机+有机"型,如泥炭+木屑;"无机+有机"型,如珍珠岩+泥炭等)。基质的选用应以保水保肥能力强、通气性好、pH条件适宜、有一定容重、孔隙度适中可支撑作物生长发育的基质为佳。在实际应用中应当根据不同植物所需的根际环境要求不同而选用不同的基质,有机基质与无机基质的理化特性不同,可将有机基质与无机基质按不同比例混合使用,以期达到植物所需的最佳的基质理化性状要求,给植物生长发育提供最佳的根际环境。

当今市场上用于花卉无土栽培的基质种类繁多,要从这么多的基质中选出最适合某种花卉生长的基质,若没有一定的标准,选择是非常困难的。根据实际经验,基质的选用应考虑以下几个方面:① 植物根系的适应性,即能满足根系生长需要,营养要全面,含有丰富的氮、磷、钾元素和有机质,肥效要持久,能较长时间满足栽培植物生长发育的需要,供给植物生长发育过程中所需的养分;② 实用性,即质地轻、性状优良、有良好的化学性状,安全无毒,即基质的选择取决于是否有利于植物的生长发育与品质产量的改善和提高,是否取得更好的经济效益;③ 经济性,即能就地取材,价格低廉、节约成本;④ 有良好的物理性状,结构、孔隙度和通透性要好,疏松、透气,有较强的保水、保肥能力;⑤ pH 要适中,酸碱度适宜,栽培基质 pH 应调制到 6.5～7.0;⑥ 不含杂质,不带虫害,不带病菌;⑦ 没有异味和臭味;⑧ 重量轻,具有较强的吸水和保水能力;⑨ 调配简单。

在栽培基质的选择使用方面,各地可以就地取材,结合本地实际情况,因地制宜选择栽培基质,研究与发展当地优势基质。比如,长江以南地区稻壳多,可以研究稻壳炭化后的合理使用;华北地区应加强炉渣配合草炭、蛭石、锯末等基质混合使用的研究;东北地区草炭资源多的地方,可以加强对草炭、锯末等廉价基质的研究;大西北地区则应加强对砂培技术特点的研究等。

一、有机材料的种类及特点

无土有机基质不含土壤,全部为一些植物材料经自然堆腐和人工加工而成,大都含有花卉生长发育所需的营养物质,因此一般可直接用于花卉栽培,如木屑、树皮、椰壳块、泥炭、花生壳、水苔、核桃壳、稻壳、蔗渣、菇渣、芦苇末等。

(一)木屑及木糠

木屑一般由木材残次材经粉碎机粉碎加工而来,木屑来源广泛,价格低廉,实为花卉栽培的优质原材料,但木屑有着易发霉等缺点。

木屑是木材加工工业的一种废弃物,质地轻、透气性好,有较强的吸湿保水性,缓冲性能好,稍加处理便可成为良好的花卉无土栽培基质。木屑成分差异较大,用作无土栽培基质时,以黄杉或铁杉的木屑为优,杨柳类木屑也有良好的使用效果。

市场上常见的木屑有蛇木屑、榆木木屑、桉树木屑、松木屑、落叶松木屑、杉木屑、厚朴木屑、玉米秸秆木屑、各种果树枝条木屑等。蛇木屑:取自笔筒树的气根及枝干,具有良好的通气性、排水性及保水性,粗的蛇木屑适合种植兰花,细的蛇木屑可与其他介质混合使用。桉树木屑:桉树木材生长速度快,长成的木材质地疏松,含水率高,木质松韧,吸水力强,易分解,富含碳、氮等营养元素。玉米秸秆:来源丰富,价格低廉,用玉米秸秆加工成木屑用于花卉栽培,既可以减少焚烧秸秆带来的空气污染,又为农作物秸秆的综合利用提供有效途径,节约环保。基本上所有果树(苹果、梨、山楂、杧果、桑、核桃等)的枝条经专用枝条粉碎机粉碎后都可加工成木屑用于花卉栽培。果木资源丰富的地区,每年都会修剪大量的枝条,将修剪下来的枝条加工成木屑用于栽培可产生较大的经济效益和社会效益。果树枝条加工成木屑,有着广阔的市场前景和发展前景。桑树是多年生木本植物,具有易发芽、耐修剪和恢复能力强的特性。在蚕桑栽培过程中,通常需要修剪桑枝,将桑树培养成一定的树形,以调整树体通风透光环境,促进新枝旺盛生长,减少病虫害,提高桑叶产量和质量,因此在桑蚕养殖过程中必将产生大量的修剪下来的桑枝。长期以来,蚕农都是将修剪下来的桑树枝作为薪柴烧掉或让桑树枝白白腐烂在田边地角,造成很大的浪费。为了充分发挥当地农副产品的价值,降低生产成本,提高经济效益,可将桑树枝作为原材料加工成木屑用于园艺栽培。

研究表明木屑添加一定量的黏土、硝酸铁和有机肥后可以成为一种很好的栽培基质。腐熟后的锯末基质中氮素水平升高,木质素降解,碳氮比下降,锯末处理的植物幼苗生长情况优于泥炭基质。

木糠是指在进行木材加工时因为切割而从树木上散落下来的树木本身的沫状木屑。市场上,木糠经过消毒、堆沤发酵处理后,与其他土壤基质按照一定的比例配置而成的培养土,质地疏松、透气性、保肥保水性能良好。将处理过的木糠置于花木根部能起到保暖的作用,可使花木安全过冬,免受冬季低温危害。

我国是一个林业资源并不发达的国家,木材厂加工木材后所产生的木糠,可用于开发许多有益于人们生产和生活的产品。现如今,很多人也已经意识到木糠的价值,不断开发由木糠形成的副产品。

全国各地都有大小规模不等的木材加工市场供应木糠,当然,在大多数地方木糠原材料资源相对比较缺乏,在这些原材料缺乏的地区,木糠价格也较高。由于木材原料和加工方法的不同,木糠的种类、湿度和品质差异也比较大,使用者需要在采购过程中做出明智的选择。在采购木糠的过程中应注意以下几点:

① 不得使用有毒树木加工后的木糠,如楝木等,否则会引起中毒;

② 使用松木等含油脂较多的木糠时应先晾晒几天,使其挥发性油脂散发出去,避免对植物造成不必要的伤害;

③ 原则上不使用含胶合剂或防腐剂的人工板材加工而成的木糠,因为用这些板材加工而成的木糠中含有的某些添加物质可能对植物造成伤害,而且可能对堆沤发酵过程有抑制作用。

从木材加工厂取回的木糠原材料,可以用 40% 水剂的福尔马林 100 倍药液对其进行消毒处理,消毒处理后,经过 1~2 周的时间,待甲醛挥发完全后即可应用于栽培基质的配制。消毒后的木糠可以与其他土壤基质按照一定的比例配制成培养土,如用垃圾土 2 份与生木糠 1 份配制的培养土。

经过堆积发酵后的木糠基质,有便于植物吸收的优点。木糠的干湿度要符合堆积发酵的要求,湿度过大时要提前晾晒。堆积方法是把木糠堆积于一块,然后加入磷肥、有机肥等,混合均匀后堆积在一起,再用塑料薄膜将表面封盖住,促使木糠发酵。经过大约一个月的时间后,将覆盖在表面的薄膜掀开,在堆积发酵后的木糠表面淋湿液态有机肥,再将薄膜盖好。可沤制成肥效高,透气性能优良、物理性能好的土壤栽培基质。或者将木糠与有机肥混合拌匀,盛装于塑料袋内,并束紧袋口,将其置于30~35℃的温度下,经过1~2个月的时间,即可发酵腐烂。然后晾至半干,将沤熟的木糠基质与田园土按照1:1的比例混合均匀,将混匀的基质用作盆土培养花木,能使花木生长茂盛,花色鲜艳,用它作花卉育苗的营养土,则可以促进花苗健旺生长。经堆沤发酵腐烂后的木糠,营养全面,富含氮磷钾等元素,且质地疏松,透气性好,干湿适中,是一种优良的无土栽培材料,尤其适宜种植盆栽朱顶红、酢浆草等。

经过发酵后的木糠,大多呈微酸性,适应大多数花卉的栽培。不同花卉对土壤酸碱度的适应性不同,应根据花卉本身对土壤酸碱度的适应性,配制不同的培养土。对于喜微酸性土壤的花卉,如月季、茉莉、香石竹、变叶木等,可以用田园土2份与木糠1份配制栽培基质;对于喜酸性土壤的花卉,如菊花、一品红、杜鹃等,可以用塘泥2份与木糠1份配制栽培基质;对于喜强酸性土壤的植物,如兰科植物、蕨类植物等,可以用腐叶土1份与木糠1份配制栽培基质。一般而言,配制基质的腐叶土,以山上采集的为佳,有条件的也可以自行配制。对于喜偏微碱性土壤的植物,如黄杨、侧柏、仙人掌科植物等,则可以用沙质土3份与木糠1份配制栽培基质,另外可以在配置好的基质中加入少量的草木灰。

(二)松鳞

松鳞是指以松树皮为原料,经破碎、分级、晒干等工序制作而成的用于园林景观裸露地、大面积和大型种植区地面覆盖、土壤表面覆盖、花艺装饰以及花卉栽培基质的块状物质。

根据其用途,松鳞可分为植物基质和覆盖物两大类。

用作植物基质时,松鳞基质是以松树皮为原材料,经过收集、破碎、发酵、分级、干燥、去杂等多级工序精制而成的适于植物生长的有机物质,按粒径大小和用途可分为松鳞容器栽培基质、松鳞容器苗木发酵基质、大号洋兰基质(7~15 mm)、中号洋兰基质(5~10 mm)、小号洋兰基质(3~6 mm)等。

松鳞基质的性质接近草炭,与草炭相比,松鳞阳离子交换量和持水量比较低,但碳氮比较高,是一种比较好的基质材料。它是由可再生的天然有机材料制作而成,有经济、环保、纯天然、无污染的优良性质;物理性状好,质地疏松透气性好,有利于植物根系的生长;保水性好,可保证有充足的水分供植物生长发育;排水性好,不会因积水导致植物根系腐烂;疏松、质地轻,便于运输和管理;化学性状好,有足够的养分维持植物生长发育,持肥保肥能力强,在植物生长发育过程中不断供给植物吸收和利用;制作成本低,价格便宜,原材料资源丰富容易获取,收购成本低,应用高效,便于运输和管理;原材料不含杂草种子,免除了容器栽培中杂草的防治费用。

松鳞基质具有良好的物理性质。细小的松鳞颗粒可作为田间土壤改良剂,粗的松鳞颗粒可以作为盆栽基质。新鲜的松鳞基质是一种各方面性能都比较优越的天然基质,不加处理即可直接作为容器的上盆基质。目前松鳞的应用主要体现在以下三个方面。

1. 作为容器苗木栽培基质使用

松鳞基质一般用于容器苗木的种植,松鳞基质与泥炭以 7：3 的比例混合,通透性好,非常适合植物生长。

2. 应用于洋兰栽培基质

松树皮具有透气性好、保水性适中、病虫害少等优点,非常适合兰科植物的生长。高龄松树树皮经充分腐熟后,极大地减少了有害病菌和虫卵的生存概率,有效地促进了兰科植物肉质根的生长,是目前国内外应用非常普遍的洋兰专用基质,尤其是广泛应用于大花蕙兰的栽培。

3. 作为覆盖物使用

松鳞按粒径大小和用途分为普通型松鳞覆盖、粗犷型松鳞覆盖、打磨型松鳞覆盖和精细型松鳞覆盖。

将松鳞作为覆盖物使用,可以起到涵养土壤中的水分,减少水分直接从地面蒸腾的作用。可以有效抑制杂草的生长,松鳞覆盖物本身不含草种且铺设的厚度到达 7 cm 以上时,能有效抑制杂草种子萌发并且可以起到灭除现有小杂草的作用。有一定的保温作用,可使土壤维持在一个更加均衡的土温范围。松鳞覆盖物热传导慢,使土壤在强阳光照射下能够保持相对的凉爽,不至于升温过快,同时在严寒的天气下能够保暖,保护植物根系免受低温的危害。能够防止土壤表面板结,提高水分在土壤中的吸收和渗透,并且减少土壤水土的流失。作为有机材料能够起到改善土壤结构和耕作性能的作用,松鳞腐烂分解之后还可以作为肥料补充土壤养分。一些美丽的风景区也可以应用,可为地表提供均衡的颜色和细致的纹路。松鳞覆盖下的植物根系生长较快,植物根系在覆盖物下的发根情况比在普通泥土中的发根情况要好得多。

松鳞覆盖物广泛应用于园林建设和养护中,覆盖效果良好,除满足园林景观的要求之外,也有助于缩短施工工期,在施工时来不及栽种植物的地方,用松鳞进行覆盖,能起到很好的视觉效果,比刚栽上的植物还要好;采用松鳞覆盖可以节省栽培植物的成本,如果大量栽培地被植物和灌木,造价会比植物稀植加松鳞覆盖的方式高出几倍;松鳞覆盖管理简便;传统密植的方式不利于植物的健康生长,且养护有一定的难度,而采用松鳞覆盖的方式可以让植物有足够的生长空间,能够使园林效果得到更好的展现。

树皮块是大花蕙兰、卡特兰、石斛兰等兰科植物以及鹤望兰、火鹤等最常用的无土栽培基质。树种不同,树皮性质有很大差异,最常用的树皮是松树皮和杉树皮,pH通常介于4~7之间;但树皮保水性能较差,碳氮比介于60~100,容易造成植物氮素缺乏,且有的树皮含有较多的树脂、单宁、酚类等抑制物质,这些有害物质必须经充分堆积发酵才能得到充分的降解。可以通过添加其他物质来解决树皮基质的保水、保肥性能差等问题。

(三)椰壳块及椰糠

椰糠是由天然椰子壳经过加工制成,将椰子壳切成小块或粉碎成粉粒状即椰糠,椰糠基质酸性较强,是一种新型的有机无土栽培基质,具有良好的排水、通气效果,但保水性稍差。

椰糠是椰子加工后的副产品,纤维长,疏松多孔,保水和通气性能良好,被认为是最好的泥炭替代品。椰糠容重约0.08 g/cm³,总孔隙度高达94%,pH在4.5~5.5之间,偏酸性,碳氮比平均为117。

椰糠木质素和纤维素含量远超过泥炭,但半纤维素含量相对较低,稳定性较好;氮、钙、镁含量较低,但磷和钾的含量较高,持水性能好。因此,椰糠基质在使用时需补充氮素,而钾的施用量则可适当降低。用椰糠基质栽培番茄等蔬菜以及月季、万年青等观赏作物,效果不亚于泥炭,可以在生产中完全代替泥炭。

园艺生产过程中,椰壳块广泛应用于兰科植物的栽培。椰糠可与珍珠岩、泥炭土等按照一定的比例配置成混合基质,适用于多种花卉。北方水质偏碱性,配制花土时加入适量的椰糠基质,栽培效果优良。

我国海南的椰糠资源十分丰富。但就椰糠基质本身而言，其含盐量很高，远远超过植物根系的盐度耐受范围。这样易对植物根系产生盐害，导致植物缺素及其他危害。为了避免高盐度危害，可以采用椰糠的复合基质，还可以从营养液的配制、灌溉方式等方面寻找解决措施。

（四）泥炭

泥炭是由温带地区湿地或沼泽地苔藓类及藻类植物遗体长期堆积腐化而成的具有多组分、多级别、半胶体特性的高分子复杂亲水体系。其有机质、腐殖酸含量高，纤维含量丰富，疏松多孔，通气透水性好，比表面积大，吸附螯合能力强，有较强的离子交换能力和盐离子平衡控制能力。泥炭腐殖酸的自由基属于半醌结构，既能氧化为醌，又能还原为酚，在生物氧化还原过程中起着重要作用，具有较高的生物活性和生理刺激作用。因此泥炭成为无土栽培最理想的有机基质，广泛应用于设施园艺栽培。

以泥炭藓为基质的泥炭土，本身含有一定的养分，肥沃、富含有机质、保肥及保水性能强、排水性好、质地松软、质量轻、便于运输搬动、酸性比较强、小孔隙度、容重适度，总盐含量适中、有一定的缓冲能力。适合大部分植物栽培使用。泥炭本身含有腐殖酸，这种腐殖酸具有激动素活性，能刺激植物生长发育，特别是促进植物根系的生长。另外泥炭土颗粒较大，透气性好，且均为黑色，有利于吸收太阳辐射，提高基质温度。但其质地轻，若栽种大中型植物需混合土壤增加重量，否则易倒塌。泥炭基质栽培植物时要根据植物的需求，添加磷钾等营养元素，若盆栽土中养分流失很快，要及时施肥补充养分，否则会影响植物生长。

泥炭是目前世界公认最好的花卉栽培基质之一。我国东北地区泥炭地资源丰富。商业生产中，商家一般使用自动浇水系统养护植物，泥炭土比较能适应这种养护方式，而园艺爱好者自己种植植物时，最好选择堆肥土。泥炭基质本身也存在一定的缺点，泥炭是一种疏水性基质，再湿性很差，一旦干燥失水后，会干硬板结，再浇水时，再吸水能力差，最好多浇几次确保基质彻底浇湿，但是很容易出现浇水过多的现象。要解决这一问题，措施之一是采用与泥炭基质互补的其他基质，按照一定的比例配置成混合基质，即泥炭型的复合基质，并针对基质的类型，加强肥水管理。

泥炭是植物残体经过漫长的生物地球化学过程形成和积累的有机矿产。据原国家地质矿产部1982—1985年的调查，全国有泥炭资源量47亿t，矿产地5 719

处。其中可利用的泥炭资源量为43.3亿吨,占全国资源总量的92.7%。我国泥炭资源空间分布不均匀,泥炭资源主要集中在水源丰富的东北地区和西南高原地区,占全国资源总量的81%以上,这些地区蕴含的泥炭资源质量好、矿体大、分布集中、埋藏浅,易于进行开发利用。川、滇、甘、苏、藏、皖、黑、吉、新、蒙10个省区,泥炭资源蕴含量占全国可用资源量的92%。其他地区泥炭资源则分布零散、质量差、数量小、埋藏深,开发有一定的困难。我国的地域差异、社会经济条件和技术工艺条件也影响到泥炭资源的开发利用。适合作为园艺基质使用的高位泥炭主要分布在大小兴安岭、长白山地区。

我国是泥炭资源贫乏的国家。我国陆地面积约占世界的6.4%,是亚洲陆地面积的1/4。但泥炭资源储存量与此极不般配,据国际泥炭协会1999年公布的数据显示,世界泥炭地总面积为 2.732×10^8 hm^2,亚洲地区泥炭地总面积为 3.32×10^7 hm^2,而中国泥炭地总面积仅 1.04×10^6 hm^2,占世界的4‰,占亚洲仅3‰而已。与此相对应的是,1999年我国泥炭资源开发与使用总量均为60万t,占世界的2.8%,占亚洲的52.8%,也就是说,中国泥炭资源所承受的资源开发压力是世界平均的7倍,是亚洲泥炭资源所承受的资源开发压力的近18倍!巨大的资源开发压力给我国湿地资源造成严重破坏。以三江平原为例:三江平原是由黑龙江、松花江、乌苏里江冲积而成的冲积平原,面积10.3万km^2;三江平原地势低平,沿江地区海拔低于50 m。每当多雨季节,江河水迅速汇集,排水不畅,形成大片沼泽地、湿地,总面积达86.4万hm^2,占三江平原总面积的20.3%,是我国沼泽分布最集中的区域。但是近几年来,一些中小型泥炭生产企业及农民、小作坊式生产商在利益的驱动下,不择手段地乱采乱挖,更有甚者竟然在含有泥炭的耕地中开挖不符合标准的、受到化肥农药污染的泥炭,以次充好,给泥炭矿产资源和耕地造成毁灭性的破坏,造成泥炭资源迅速减少,湿地急剧退缩。由此可见,我国泥炭资源的保护已经刻不容缓,必须立即采取相应措施。

我国是泥炭资源消耗大国。据业内人士介绍,目前国内市场年消耗泥炭400万m^3,其中90%左右为国产泥炭。市场销售园艺泥炭平均价格80~120元/m^3,近几年,由于东北地区泥炭产量下降,泥炭价格提高,并且有进一步提高的趋势。

我国泥炭资源以中低位泥炭为主,随着泥炭资源的大量开采,适宜用作无土栽培基质的泥炭资源越来越少,且品质差。近年来进口泥炭应用越来越广泛,而其价格更是高达300~500元/m^3,进一步提高了生产成本。

泥炭虽然是最理想的有机基质,但是泥炭的演替形成需要经过若干地质年代,其更新速度极其缓慢。据相关专家推测,形成 1 cm 厚的泥炭大约需要 10 年的时间。泥炭地是一种非常独特的湿地类型,泥炭地以其独有的方式孕育着丰富的生物多样性,众多濒危或特有动物都栖息在泥炭地。此外,全球约 20％的淡水资源和超过 30％的碳储存在泥炭地。20 世纪以来,由于人类对能源和农业资源的大量需求,大量湿地资源遭到毁灭性的破坏,致使泥炭地总量急剧下降。西欧 90％以上的泥炭地已经丧失,其中荷兰的泥炭地已破坏殆尽。泥炭的大量开发使用造成严重的环境和资源压力。我国泥炭资源流失严重,致使湿地面积急剧减少,原有生态系统遭到破坏,进而改变了原有湿地草原生态系统的平衡,水分大量流失,植被遭到破坏,出现众多次生小地貌。要恢复原有湿地良好的生态环境,实施难度大,投资多,速度缓慢。

目前,随着湿地的大量消失,许多国家已经清醒地认识到泥炭地是一种十分宝贵的资源和财富,在开发利用上必须慎重选择。如英国已制订计划,寻找其他替代物。芬兰自然保护委员会及泥炭协会 20 世纪 60 年代中期就制订了湿地保护计划,把主要泥炭地划为保护区,开辟为国家公园或科研基地加以保护。

（五）花生壳

花生壳即为花生的果壳,花生壳原料来源广泛、价格低廉、对环境无污染,孔隙度大、排水性良好,有利于在作物栽培中改善植物根部的通气状况。

花生壳是农村很常见的农业废弃物,大多数农民都把它们当作垃圾处理,有的当作燃料进行焚烧,还有的甚至直接扔掉,没能把花生壳的剩余价值利用好,造成很大的浪费。其实花生壳经过科学的处理,会有很大的价值提升空间。

花生壳是中国十分常见而且产量十分巨大的农业废弃物之一,我国每年花生产量巨大,加工产业年产花生壳近 400 万 t,除了少部分被利用作饲料和燃料外,绝大部分都被扔掉,造成了极大浪费。现在,越来越多的学者研究将花生壳应用到食品、化工、农业以及医药等很多领域,同样,关于花生壳被利用作为园艺栽培基质方面的研究也有不少,也取得了一定的成绩。但关于花生壳作为基质前的腐熟处理方式的研究却鲜见报道。有机材料作为栽培基质利用需要经过前期处理以避免材料对植株产生不良影响,规范科学的前期处理是利用花生壳作为良好栽培基质的基础和关键所在。

采用花生壳作为栽培基质原料,可以分别采用露天堆放堆沤、用水浸泡以及加入活性菌三种不同方式进行前期处理。相关研究表明,通过加入活性菌的处理可以促进花生壳原材料的碳素分解,同时可以加剧腐熟发酵的进程,可以大大降低原料的高碳氮比,更好的固定氮、磷、钾、镁等植物所需的养分,高温也可以达到促进有益细菌的繁殖同时减少致害病菌的作用。通过在花生壳中加入 VT 活性菌可以大大加深基质的腐熟程度,同时发酵升温快,温度高,碳氮比下降显著,并能更好地固定基质中的养分。加入活性菌处理花生壳原料可以作为栽培基质前期比较理想的处理方式。

(六)水苔

　　水苔也称苔藓,为生长在水边的苔类,水苔为苔藓类植物,属水苔科水苔属,有 200 多个品种,温带与寒带地区多见,常生长在林中的岩石峭壁上或溪边泉水旁。在阴暗处或背光山坡生长的水苔为纯绿色,枝叶较细嫩,品质一般,在强光下或在向阳山坡上生长的水苔为赤红色,枝叶较粗壮,为优质水苔。水苔属纯天然产品,水苔茎部细弱,富含纤维素,茎表皮及叶片均由中空的细胞构成,有较强的吸水、蓄水及透气能力、故具有耐浸洗又耐干旱的特点,水苔干净无病菌,用于栽培植物能减少病虫害的发生,保水及排水性能良好,具有极佳的通气性能,不易腐败,可长久使用,换盆可以不需要更新材料,可单独使用或和其他基质按照一定的比例混合使用,栽培容易,质量轻。水苔原材料分春、秋两季进行采收,每年 9—11 月份采收的水苔质量较优,2—3 月份采收的水苔质量较一般。采收后加工主要以及时风干为主,风干至用手捏压感觉柔软即可,水苔含水量达 80% 时可进行分级包装。

　　优质水苔风干后为赤色,长 8～10 cm,较粗壮,有良好的物理稳定性。较幼嫩的水苔表皮细胞较易脆化,吸水性一般,透气性差,易酸败。为了促进水苔可持续健康发展,持续地供应优质新鲜水苔,须保持生态平衡,维持生态系统良性循环。为此,采收应坚持采用封存养护、定期采收的方式。在水苔生长达标时,采用科学合理的加工技术,保证加工成品的质量。对一些带镰刀菌的水苔产区应禁止开采,以免给花卉生产带来不必要的损失。另外,水苔应以"当年收,当年利用"为主,保证利用其良好的物理化学性状,尤其是优良的疏松透气性。水苔的合理开发利用,还可带动偏远山区的经济发展,增加农民的收入。

　　水苔应用于栽培生产过程时,首先应充分考虑我国地域辽阔、地区气候及水土差异的特点,水苔分级包装后要标注采收日期及质量等级。对各产地水苔加工后的物理化学性质(如粗度、长度、酸碱度等)加以说明。使不同品质的水苔适用于相应的栽种环节、植物种类和栽培管理方法,向光生长的水苔宜种植植物小苗,背光生长的水苔宜种植植物中、大苗,较粗的水苔宜种密集点,较细的水苔宜种疏松点,较弱的水苔建议不用。不同的花卉品种应根据其需求,采用适宜的松紧度种植。使用水苔作为栽培基质前一定要充分将其浸洗,必要条件下进行消毒处理,浇灌方法要坚持湿润、透水相结合,尽量避免水苔因盐积化而酸败,使其发挥最佳的保肥、保水能力及透气性。

水苔原材料经采集后晒干可制成应用于花卉栽培的水苔基质,常作为兰花及高级观叶植物栽培基质使用。市场上常见的水苔有白色和绿色两种。白色水苔性状较优,市场上广泛应用于洋兰栽培,一般使用1~2年即需要更换,否则水苔腐烂后产生的酸液会造成植物根系腐烂。绿色水苔通常作为国兰栽培基质使用,在兰苗盆面覆盖一层水苔,有固定基质表面和保持水分的作用。另外在兰花脱盆运输中,水苔常用来进行根系的包装,以免在运输过程中,对兰苗根系造成不必要的机械损伤,造成经济损失。

(七)核桃壳

核桃是一种木本油料植物,其果实是世界四大名干果之一。我国核桃栽培面积居世界第一位,据统计,我国2007年核桃产量约为63万t,2008年为82万t,2009年为98万t,核桃产量呈现逐年快速增加的趋势。按照核桃壳的质量占核桃总产量的30%计算,2009年核桃壳的产量为29万t。核桃加工后会产生大量的核桃壳,如果将核桃加工后的核桃壳直接丢弃或焚烧,不仅造成极大的资源浪费,对环境也造成了一定的污染。相关研究表明,核桃壳的组成成分有:灰分、水分、苯醇抽出物、木质素、纤维素、半纤维素等。加强对核桃壳的综合利用,避免核桃壳资源的浪费,生产附加值高的产品,不仅可以有效处理固体废弃物,而且能够变废为宝,提高农民的收入。

棉籽壳、玉米芯、杂木屑、麦麸等是传统的食用菌栽培基质,在今天的食用菌产业中,这些传统基质仍然占主导地位,但是由于其价格的不断上涨,以及国家对环保节能要求的不断提高,传统基质已经不能完全满足市场的需求,因此廉价的核桃壳作为一种新型的栽培基质被加以研究利用。

(八)稻壳

稻壳是稻谷加工过程中最大的副产品,我国是世界上农业最发达的国家之一,水稻产量很大,各地的稻米加工厂都有大量副产品稻壳,资源十分丰富。但由于科学知识不够普及,这些稻壳剩余价值被加以利用的不多,大部分被当作废物烧掉或直接抛弃,既造成资源的浪费,又造成环境污染。稻壳里含有多种元素及化合物,其中纤维素、半纤维素、木质素总含量达86.7%,其余为二氧化硅及其他成分。利用稻壳可以生产出多种化工产品,经济效益显著。稻壳具有来源广、成本低的特点。稻壳的容重小,难以堆存,运输费用和贮藏费用接近甚至超过自身价值,稻壳的粗纤维含量约40%,稻壳的灰分含量约20%。

稻壳作为栽培基质有腐熟稻壳和碳化稻壳两种。腐熟稻壳是将稻壳淋湿堆积沤熟腐化的产物,呈酸性,质地疏松,透气、排水性能良好,营养丰富,适宜栽培多种花卉。碳化稻壳是将稻壳放入特殊碳化炉或回转窑中经不完全燃烧,则可保留部分炭,即可得到碳化稻壳,也叫稻壳炭,也称为煤气稻壳。呈碱性,可用来改良酸性较强的土质,并且有疏松黏性土壤的作用,含有一定的钾肥及矿物质养分,质地疏松多孔,透气性能良好,主要成分为二氧化硅,花卉栽培时添加适量的碳化稻壳,可增强植物的抗病能力。

碳化稻壳的生成方式有两种,一种是间接加热干馏法,主要工艺是稻壳在回转窑中经加热处理,使稻壳中的有机物缓慢氧化,该法设备复杂,投资多,耗能大,但产品回收率高,碳化均匀,产品粒子状程度高;另一种方法是直接加热氧化法,主体设备是碳化炉,稻壳在碳化炉内有控制地氧化,碳化炉内的温度可以调整,以控制稻壳的氧化程度。国内外的稻壳碳化设备中,以后者居多。碳化稻壳是黑色闪光的颗粒,经电子显微镜观察,其结构为空心状的网状结构,成为制备活性炭较好的原料。

稻壳可以直接制成基础培养料,用于各种菌类和部分药材如天麻等的栽培,碳化后的稻壳具有透水通气、吸热保温等优点,是冬季或早春以及晚秋时期进行快繁育苗的良好基质。稻壳灰是一种很好的土壤改良剂,可保持土壤的疏松性和透气性。

碳化稻壳除具有栽培基质的特点外,碳化稻壳还具有保温性能好、隔热、熔点高、性能稳定的特点,可作为新型保温材料。冶金行业中用作钢水覆盖剂,可减少钢材缩孔,提高炼钢成材率。此外,还可用作建筑材料、土壤改良材料、堆肥、工业用原料等。质量较好的碳化稻壳含碳量38%~56%、水分≤2%、粒度2~5 mm(粒度<2 mm的不超过40%),不含其他杂质。

浸透的稻壳可做苗床使用。在苗床播种后用粉碎的稻壳覆盖,即可实现无土育苗,且无须封闭灭草。将稻壳膨化,掺入 1% 尿素和少量石灰水,在露天中发酵到颜色变黑时作肥料,具有良好的保水、保肥性和通气性。将这种肥料用于蔬菜种植,会提高产量 1 倍以上。

中国大陆每年产稻壳约 0.3 亿 t。中国部分地区的稻壳被直接粉碎或膨化处理后作为饲料原料;部分用作锅炉或热风炉燃料,产生的蒸汽和热风可用于加热、干燥工序,蒸汽还可为浴室供应热水或为空调系统提供热能,还可驱动汽轮机发电。稻壳汽化后产生的稻壳煤气可用于驱动燃气内燃机发电或用于烹饪。砖、水泥、人造板等建筑材料可以用稻壳制作。稻壳可用于育种和蘑菇等农业栽培。用于生产活性炭、硅酸盐、高纯度硅等化工原料。

(九)蔗渣

我国南方地区盛产甘蔗,甘蔗加工后有着十分丰富的蔗渣资源,除少量用于造纸和制造衣纤维醛外,大部分作为燃料烧掉。甘蔗渣碳氮比高达 169,经过添加氮肥并经堆沤处理后,可成为良好的无土栽培基质,与泥炭种植效果相当。

将蔗渣进行堆沤处理后作为无土栽培基质,栽培的西瓜与甜瓜在单果质量、可溶性固形物含量、总糖含量上都有显著提高。蔗渣基质随堆沤期的延长,用其栽培的花卉的生长及观赏效果不断改善。腐熟蔗渣的碳氮比为 36,且含各种营养元素,可与泥炭媲美而成为花卉无土栽培基质的重要组分,蔗渣也是生产有机肥的重要原料之一。

(十)菇渣

菇渣是食用菌栽培后剩下的产物,氮、磷含量较高,不宜直接作为基质使用,而应与泥炭、蔗渣、沙等混配使用,一般菇渣比例不应超过 40%。不同种类的菇渣理化性状差异较大。菇渣作为栽培基质使用,可以起到很好的二次利用效果,避免材料资源的浪费。

(十一)芦苇末

以芦苇为原料的浆纸厂在生产纸的过程中,会产生废弃物芦苇末,可以将其作为生产芦苇末基质的原材料,通过堆沤发酵可以生产出新型园艺有机基质,在华东地区广泛使用。在芦苇末进行生物发酵处理后形成的基质中,加入适量的常规基质原料,可以作为园艺植物无土栽培基质使用,不但可以提高园艺产品产量,降低生产成本,增加产值,而且具有显著的生态环境效益。相关研究表明,芦苇末有机基质中添加其他固体基质和肥料合成复合有机基质栽培的樱桃番茄和瓠瓜比岩棉上的生长健壮,根系活力提高 50％～100％,叶片气孔阻抗减小、光合速率提高 30％左右。

二、无机材料的种类及特点

无土无机基质一般由天然矿物质组成,或天然矿物经人工加工而成。它不含有机质,使用时必须与含有机质的基质进行配合使用,如珍珠岩、蛭石、陶粒、级配碎石、植金石、兰石、火山石、轻石、木炭、竹炭、沙石、岩棉等。

(一)珍珠岩

珍珠岩又叫珍珠石,是火山作用形成的矿物,是一种火山喷发后形成的多孔隙白色颗粒状的酸性熔岩,由天然石灰岩高温烧制而成,清洁无菌、通气性和排水性良好、质地轻、密度小、吸湿能力小、无毒、无刺激、无副作用、无味、不腐烂、不起化学作用。珍珠岩营养物含量不高,一般可用于土壤改造,提高土壤的透气性,调节土壤板结,防止农作物倒伏,控制肥效和肥度。作为传统添加物的珍珠岩,能使土壤蓬松,维持土壤湿度的同时能保证植物根部有足够的空气,还可促进插条生根,调节土壤酸碱度。珍珠岩具有多孔性,有许多敞开的孔,能对肥料、杀虫剂、消毒剂和除草剂、微量元素等进行强的选择吸附,可以作为杀虫剂和除草剂的稀释剂和载体。在农业上,与珍珠岩相抗衡的栽培基质有蛭石、泥灰和锯末。无土栽培基质在农业、植物、园艺方面都很有发展前途。一些较大颗粒珍珠岩渐渐被用于在园艺作物育苗中,作为育苗土的必备成分,以增加营养基质的透气性和吸水性。但珍珠岩含有氟,用于对氟敏感的植物时,应注意基质的比例,或提前进行清洗。

珍珠岩在园艺方面的应用依赖于其自身的许多特性。珍珠岩具有不溶于水、无毒、较高的持水能力和通透性、容重小等特性。珍珠岩长期以来与泥炭搭配用于植物栽培。其颗粒表面的许多空洞为保持水分和营养成分提供了丰富的表面积,同时也形成了最合适的导液及通风条件。

珍珠岩按加工程度不同,其产品可分为珍珠岩原矿、珍珠岩矿砂、膨胀珍珠岩和表面处理的膨胀珍珠岩四类。珍珠岩主要由二氧化硅、氧化铝、钾和钠构成。

珍珠岩可作为花卉秧苗生长的分离培养基。分离培养基提高了单一经营技术并解决了轮作和无土利用地区发展耕作两个问题。现在好的表层土越来越难以找到，表层土壤的养分，排水特性，病害生物体和野草种子量往往难以测定，而人造土为种植者提供了一些有利条件。珍珠岩和蛭石可作为承载肥料的基质，让这些物质在生长培养基中有控制地缓慢释放出来以供植物吸收利用。珍珠岩可改善土壤水分和保持通风，可实现控制土壤中元素的吸收和解吸的目的。可加强轻构造土壤（砂质土）水分保持能力或改善重构造土壤（黏质土）的排水和通风性能。蛭石有较高的阳离子交换能力，能产生良好的缓冲性，防止 pH 急剧变化，可允许使用某些高效的肥料而不毁坏作物。和蛭石不同，珍珠岩阳离子交换能力及缓冲能力低。它含有相当量的钠、铝和钾，能被生长的植物吸收利用。

我国山西、辽宁、河南、吉林、江苏、浙江、山东、黑龙江、内蒙古等十多个省（自治区）有 40 余个珍珠岩采矿点。这些采矿点综合开发珍珠岩矿产资源，生产供国内和出口的珍珠岩矿及其副产品。

（二）蛭石

蛭石是一种由云母矿石经高温处理烧制而成的含水的镁、铝、铁层状硅酸盐矿物，在高温作用下会膨胀，富含镁和铁，本质是一种云母质的矿物，外观与云母相似。蛭石天然、无机、无毒、质地轻且清洁无菌，且排水性、保肥性及通气性均佳，但保水及持水性能较差，呈微酸性，常与珍珠岩、腐殖土等混合使用，其缺点是块粒稳定性差，一年后就会风化细碎，易造成渍水现象，因此需及时更换。蛭石是我国北方地区最常用的栽培基质之一，资源较丰富，生产上已广泛利用。作为传统添加物的蛭石，能使土壤蓬松，维持土壤湿度的同时还能保证植物根部有足够的空气，还可促进插条生根，但蛭石营养物含量不高，一般只用于改善土壤结构。

2000 年世界的蛭石总产量超过 50 万 t。最主要的出产国是中国、南非、澳大利亚、津巴布韦和美国。我国蛭石产地主要集中在新疆、山西、内蒙古。蛭石运用范围广泛，可用于高尔夫球场草坪，种子保存剂、土壤调节剂、湿润剂、植物生长剂、饲料添加剂等。

蛭石在花卉、蔬菜、水果栽培、育苗等方面广泛运用。除用作盆栽土和调节剂外，还用于无土栽培。作为种植盆栽树和商业苗床的营养基层，对于植物的移栽和运送特别有利。蛭石能够有效地促进植物根系的生长和小苗的稳定发育。长时间提供植物生长所必需的水分及营养，并能保持植物根部温度的稳定。蛭石可使作物从生长初期就能获得充足的水分及矿物质，促进植物生长，增加产量。

由于蛭石有离子交换的能力,它对土壤的营养有极大的作用。蛭石可用作土壤改良剂,可改善土壤的结构,储水保墒,提高土壤的透气性和含水性,使酸性土壤变为中性土壤;蛭石还可起到缓冲作用,阻碍 pH 的迅速变化,使肥料在作物生长介质中缓慢释放,且允许稍过量地使用肥料而对植物没有危害;蛭石还可向作物提供自身含有的钾、镁、钙、铁以及微量的锰、铜、锌等元素。蛭石的吸水性、阳离子交换性及化学成分特性,使其能起到保肥、保水、储水、透气和矿物肥料等多重作用。试验表明,将 0.5%～1.0% 的膨胀蛭石掺入复合肥中,可使农作物产量提高 15%～20%。

(三)陶粒

陶粒,是一种以特殊黏土为原料经过 800℃ 高温烧结烧制而成的陶制颗粒,毛细孔丰富且多孔隙,只要加水就能充分吸收而起到保湿效果,为表面铁红色,内部黑灰色,直径 5～20 mm 的圆形颗粒,可浮于水面,是世界通用的无土栽培基质之一。陶粒干净整洁、形体美观、质量轻、有利搬运、无毒无害、无污染、安全卫生、无病虫害滋生、很少滋生虫卵和病原物、不霉变、质量轻、养护简单,保水保肥能力适中,能贮藏养分并缓释给根系,化学性质稳定,陶粒本身无异味,也不释放有害物质,对植物有良好的支持力,可支持植株直立生长,不易倒伏,有一定的容重及抗压强度等。陶粒可重复使用,可清洗,经久耐用,减少浪费。上盆前,可先将陶粒清洗分级待用。特别适合室内摆设。成为绿色植物,特别是室内观叶植物无土栽培的首选基质,适合家庭、饭店等场所装饰花卉的无土栽培。

适用于陶粒栽培的观叶植物有:天南星科植物、龙舌兰科植物、百合科植物、五加科植物、桑科植物、椰子类植物、石蒜科以及长寿花、景天树、部分兰科植物、马拉巴栗(发财树)、南洋杉、紫背万年青等。

陶粒本身吸水性差,应用陶粒单独作为无土栽培基质时,应选择粒径小于 15 mm 的陶粒才能适合于栽培大多数的花卉,而且比较适合于根系粗壮的花卉,否则应与其他保水保肥性能良好的基质,如:草炭、木屑等相配合使用,才能获得良好的栽培效果。

为使基质有抗植物倒伏的足够强度以及给植物提供适当的水、气、养分的比例,使植物根系处于最佳环境状态,最终使植物枝叶繁茂,花姿优美,应用陶粒作为无土栽培基质时应使用不同粒径的陶粒合理配比。

陶粒保水保肥性能良好,陶粒内部空隙在没有水分时充满空气,当有充足水分时,吸入一部分水,仍能保持部分空气空间。当植物根系周围水分不足时,陶粒内的水分通过其表面扩散到陶粒间的空隙内,供植物根系吸收及维持根系周围的空气湿度。陶粒团粒的大小与其吸水性和透气性有关,也与根系的生理要求有关,通过选择陶粒大小可以得到植物所需的水分和通气条件。

目前市场上销售的陶粒有两种。一种是专为花木无土栽培生产的陶粒。这类陶粒的 pH 一般为 5.5~6.5,可直接应用于花木栽培。另一种是建筑保温用陶粒,如要用于栽培植物,必须先行测定其 pH,如 pH 能达到 5.5~6.5,才可用于栽培植物。

作为植物栽培基质前,对所选陶粒需进行彻底的浸泡清洗,除去细屑、灰层、杂质、表面不光滑、带有刺状物的陶粒以及未膨胀、沉入水底的陶粒。对已用过的旧陶粒,如果需要重新利用,必须清除其中的植物残留根系及杂物,彻底清洗消毒。

市场上常见的还有彩色陶粒,彩色陶粒以火山灰为主要原料,掺加少量的高铝渣、煤粉、氧化钛和氧化铜,造粒成球,在高温条件下进行烧制,依次经过配料、混合、造粒、干燥、烧结、冷却过程,通过控制烧结炉还原气氛浓度,即可得到彩色烧结陶粒。彩色陶粒内外颜色均匀一致,表面呈规则球形或不规则几何形状,颜色鲜亮,视觉效果好。陶粒表面多孔,具有良好的吸水透气性,能应用于园林绿化装饰、景区美化装饰以及花盆表土、盆栽花卉无土栽培装饰。

由于陶粒具有轻质性,所以也称之为轻质陶粒砂。轻质陶粒采用黏土或粉煤灰、生物污泥为主要原料,通过高温焙烧,膨化而成,轻质陶粒作为一种轻集料,具有密度小、强度高、吸水率大、保温、隔热、耐火、抗震等特点,用途广泛,可以取代普通砂石配制轻集料混凝土,用作吸附剂或路面材料。

(四)级配碎石

级配碎石是由各种大小不同粒级集料(粗、细碎石集料和石屑各占一定比例)组成的混合料,当其级配符合技术规范的规定时,称其为级配型集料。级配型集料包括级配碎石(当其颗粒组成符合密实级配要求时,称为级配碎石)、级配碎砾石(碎石和沙砾的混合料,也常将砾石中的超尺寸颗粒砸碎后与沙砾一起组成碎砾石)和级配砾石(或称级配沙砾)。

级配碎石原料丰富、来源广泛、应用简单、干净整洁、无毒无污染、无病虫害,级配碎石可作为覆盖物应用于园林建设和养护中,覆盖效果良好,除满足园林景观的要求之外,在植物种植间隙用级配碎石进行覆盖,不仅能起到很好的视觉效果,也

可以防止杂草的生长,从而节约了人工成本。

(五)植金石、兰石等人造多空隙石材

植金石是由日本高科技所研发出来的最新高级兰花培养石的品牌,这种兰石是火山爆发之后,释放大量气体、热量,经特殊温度而形成的多孔、质轻、能迅速吸取养分、保持水分的石头,再经过250℃高温杀菌后加工而成。因而其具备质轻、排水、保湿、透气性俱佳的特性,并且这种火山石湿水之后,色泽偏金黄,与优雅的兰株配合,相得益彰。

经过多年的应用,这种火山石因其优良的特性,被兰友们称为"会呼吸"的兰花石,广泛用于各种名贵兰花的种植。不论单独使用,或与其他基质混合使用,均可发挥极佳效果。

(六)火山石类

火山石(俗称浮石或多孔玄武岩)是一种功能型环保材料,是火山爆发后由火山玻璃、矿物与气泡形成的非常珍贵的多孔形石材。火山石是一种质地轻、无菌、无污染、无杂质、耐酸碱、耐腐蚀、抗性强、不易变形、不易松散粉碎、多孔性、表面粗糙易吸水、散发容易,又含有各种有益化学成分的无土栽培基质。

火山石物理性能均比一般石料要好,尤其其空隙圆滑,既吸水,又不渍水,可保证盆内水分与气体的平衡。火山石一般情况下有着软化碱性的功效,总体来说偏酸。而其化学成分除却氮外,铁、钙、磷、钾、钠、镁、铝、硅、钛、锰、镍、钼等常量元素和稀有元素几乎不缺。作为基质单独使用时,如及时补氮,即可保证植物正常生长,若与泥炭配合使用,可互为补充,提供给植物良好的生长发育基质条件。可见火山石是一种不可多得的良好介质。火山石矿山多、生产容易,可大量供应,且价格便宜,而其最大的优点是与泥炭搭配,或与煤渣颗粒搭配都比较方便。

火山石无辐射且具有远红外磁波,在火山爆发过后,经过上万年,人类才发现它的可贵之处。现已将其应用领域扩大到建筑、水利、研磨、滤材、烧烤炭、园林造景、无土栽培、观赏品等领域,在各行各业中发挥着越来越重要的作用。

由于小颗粒火山石(1~6 mm)疏松多孔,富含矿物质,抗病虫害,且价格低廉,市场上多用于多肉植物配土或铺面,可增加土壤透气性,防虫害,防止多肉植物烂根。有些植物对土壤透气性要求较高,在土壤中添加适量小颗粒火山石,可以增加土壤透气性,可防止由于土壤积水而对植物造成的不利影响。

火山岩有天然蜂窝多孔的特性,火山石孔隙多、质量轻,由于火山石多孔特征,非常有利于水草的攀抓和扎根固茎,火山石本身溶出的多种矿物成分不仅有利于鱼儿的生长,也可以为水草提供肥料。在农业生产中,火山石不仅作为无土栽培基质还作为肥料和动物饲料添加剂使用。

（七）轻石/浮石

轻石别称浮石或浮岩,因其气孔较多容重小能浮于水而得名。轻石是一种多孔、质轻的玻璃质酸性火山喷出岩,其成分相当于流纹岩,结构和兰石相似,但比兰石更为质轻,呈微酸性,可加工成大小不同型号。轻石表面粗糙,颗粒容重为 450 kg/m^3,松散容重为 250 kg/m^3 左右,孔隙率 71.8%～81.0%,吸水率 50%～60%。可单独使用或与木屑等混合使用,适用于兰花类、万年青等多种花卉的栽培。

轻石具有良好的吸水功能,同时也能补充植物所需水分。轻石在园艺种植中主要用作透气保水型材料,以及土壤疏松剂。还可用作排水材料,在屋顶、车库顶排水中广泛使用。它还能轻松去除手足上的老茧和粗皮,让手足表皮光滑,感觉舒适,所以轻石也可以用作搓脚石。

（八）木炭及竹炭

木炭是木材或木质原料经过不完全燃烧,或者在隔绝空气的条件下热解,所形成的深褐色或黑色多孔固体无烟燃料。用作栽培基质时,具有较强的吸附和杀菌除臭作用,排水透气性良好,但因其偏碱性并缺乏养分,所以最好与椰糠、泥炭等混合使用。

竹炭疏松多孔,有很强的吸附能力,能净化空气、消除异味、吸湿防霉、抑菌驱虫。竹炭是一种土壤微生物和有机营养成分的良好载体,含有植物成长所需的部分矿物质,可保持植物的营养平衡。

（九）沙石类

沙石是指沙和碎石子,是沙粒和碎石的松散混合物。沙子由石头磨碎而成,沙粒是在大自然力量的作用下,经过千百年打磨而成的极为细小柔软的颗粒,抓一把沙子在手上,感觉不到颗粒的存在,沙子分不同颜色,不同地方产生不同种类。

园艺栽培上,沙子可作为育苗基质使用,透水、通气性、保湿性适中,非常有利于小苗的生长。沙子还可以用来改良黏性土壤的透水通气性。

（十）岩棉

岩棉是目前世界公认的最好的花卉栽培基质之一,其通透性能良好,是国外切花月季育苗的重要基质。但其不足之处是基质无缓冲能力,而且在岩棉栽培中,植物的根系容积较小(一般不超过 3 L),因此,岩棉栽培必须重视肥水管理。

我国的农用岩棉生产技术目前还未成熟,我国市场上常见的农用岩棉都依赖于进口,生产成本进一步提高。此外,岩棉还有一个致命的弱点,岩棉很难降解,对环境存在极大的威胁。

三、板植及立体栽培材料

（一）木质板材

木材是由乔木和灌木经过简易加工成的初级产品。除直接使用原木外,木材可加工成各种制品使用。木材在人类生活中起着很重要的作用。木材原料来源丰富,根据木材不同的特征,人类将木材加工成各种生活用品。人类根据实际需求将木质板材加工成不同规格不同形状的花卉栽培容器,如花箱、花盆等。木质材料的花卉栽培容器有机、纯天然、无污染、价格便宜,本身含有一定的营养物质可促进植物生长发育。

目前在附生植物栽培中最常使用的木质板材是由栓皮栎制作而成的,这类型板材称为软木板。是壳斗科栎属的树干外皮,栓皮栎的树皮叫栓皮,国际上通称为软木,质地轻软,触摸柔和如棉絮,具有有弹性、无异味、无毒性、不易着火和经久耐用等特点。

同时,软木板还有比重轻,不透水,不透气,耐酸碱等特点。使用年限比蛇木板要长,且因其是原生树皮,外表具有明显的树皮纹理,美观大方,用于板栽洋兰观赏有着蛇木板所不具备的自然野性美。这种树的树皮可重复采集,每次采剥不仅不会伤害树木反而能促使树木生长,而且树皮越长越厚,是一种优质环保的材料。

（二）蛇木类材料

蛇木其实就是桫椤,由于桫椤的叶子脱落后,会在树干上留下一块块类似蛇皮的疤痕,使得整棵树干看起来像一条蛇,因此又被称为蛇木。园艺上使用的蛇木基质则是利用笔筒树(多鳞白桫椤)的气生根切段晒干而成。蛇木气生根排水良好，不易腐烂，最适宜兰花类的栽培，可单独使用或与石料混合使用。蛇木在园艺上的使用非常广泛，样式多种多样，如蛇木盆、蛇木柱、蛇木板、蛇木屑等。

蛇木板是桫椤科植物的茎秆加工而成的板材，特点是质地轻，能稍微吸收水分，表面粗糙，利于根系附生。通常被用于栽培气生根、肉质根较多，对透气性要求比较高的植物，如各种兰花以及空气凤梨。由于制作蛇木板使用的蛇木(桫椤)是二级保护植物，并且有进出口限制，现在的蛇木板大多由各种替代材质制作而成。

市场上销售的蛇木板一般长度较长，使用前可根据需要剪短，使用蛇木板当栽培介质前，应先用水浸泡。由于蛇木板不易吸附水分，因此若要将兰花栽种于蛇木板上，最好的做法是用新水苔包裹兰花根部，然后用铁丝或棉线连同水苔及兰根一块固定于蛇木板上，待兰根渐渐附着于蛇木板后再把水苔拿下。

蛇木屑是较细碎的桫椤树根，不易腐烂、透气性好，多用于兰花栽培。

（三）塑料质材料

塑料是以单体为原料，通过加聚或缩聚反应聚合而成的高分子化合物，可以自由改变成分及形体样式。根据需求可任意捏成各种想要的形状最后可以保持形状不变。

塑料是应用面非常广泛的一类基础材料。大多数塑料质轻，化学性质稳定，不会锈蚀，耐冲击性好，具有较好的透明性和耐磨耗性，绝缘性好，导热性低，一般成型性、着色性好，加工成本低。大部分塑料的抗腐蚀能力强，不与酸、碱反应，塑料制造成本低、耐用、防水，容易被塑制成不同形状。大部分塑料耐热性差，热膨胀率大，易燃烧，尺寸稳定性差，多数塑料耐低温性差，低温下变脆，容易老化，某些塑料易溶于溶剂。回收利用废弃塑料时，分类十分困难，而且经济上不合算，塑料无法自然降解，任意丢弃会对环境造成污染。

塑料质花盆价格便宜，经久耐用，在园艺上被广泛使用。近年来，以塑料为代表的化工建材在建筑中得到了迅速推广应用，塑料门窗和塑料水管越来越普及。塑料建材通常被认为是绿色建材。

（四）无纺布材料

无纺布又称不织布，是由天然纤维、再生纤维素纤维及少量合成纤维按定向或随机的排列方式组成。因其具有布的外观和某些性能而称其为布。

　　无纺布具有防潮、透气、柔韧、质轻、不助燃、容易分解、无毒无刺激性、色彩丰富、价格低廉、可循环再用等特点。无纺布以聚丙烯树脂为主要生产原料，蓬松性好。由细纤维组成，柔软度适中。聚丙烯切片不吸水，透气性佳，易保持布面干爽、易洗涤；无毒、无异味、无刺激性、不刺激皮肤；抗菌、抗化学药剂、不虫蛀、耐腐蚀、成品不因侵蚀而影响强度、不发霉。

　　园艺上使用的大多数无纺布的原材料是聚丙烯，而塑料袋的原材料是聚乙烯，两种物质虽然名字相似，但在化学结构上却相差甚远。聚乙烯的化学分子结构具有相当强的稳定性，极难降解，所以塑料袋需要 300 年才可分解完毕；而聚丙烯的化学结构不牢固，分子链很容易就可断裂，从而可以有效地降解，并且在无毒的形态中进入下一步环境循环，一个无纺布购物袋在 90 d 内就可以彻底分解。而且无纺布购物袋可重复使用 10 次以上，废弃后对环境的污染度也只有塑料袋的 10%。

　　无纺布没有经纬线，剪裁和缝纫都非常方便，而且质地轻且容易定型，使用较为方便。因为它是一种不需要纺纱织布而形成的织物，只是将纺织短纤维或者长丝进行定向或随机排列，形成纤网结构，然后采用机械、热黏或化学等方法加固而成。无纺布不是由一根一根的纱线交织、编结在一起的，而是将纤维直接通过物理的方法黏合在一起的。

　　但无纺布的强度和耐久性与纺织布相比较差，不能像其他布料一样可以清洗，无纺布纤维按一定方向排列，所以容易从直角方向裂开。因此无纺布在生产中要改善其容易分裂的缺点。

　　无纺布产业目前发展势头迅猛，被认为是 21 世纪的朝阳产业。据业内人士介绍，2000 年亚洲地区无纺布已达到年产 90 万 t 的规模。近几年，我国无纺布业产量以年均 15% 以上的增长率迅速增长，总产量现已居亚洲第一位。目前较热门的是关于秸秆型非织造布的研究。秸秆型非织造布是利用现代非织造生产技术将农业废弃物秸秆制成非织造布。它可以通过调整原材料的比例和生产工艺来控制产品的吸水、保水性能，并能在生产过程中加入肥料以满足不同植物根系的生长要求和对肥料的不同需求。因此，以秸秆型非织造布作为无土栽培基质具有重量轻、可根据不同植物的要求调整其组成、可制成不同形状满足不同用途、能够实现工厂化生产的特点，并且使用后可以自然降解，不会对环境产生污染。具有省工、省力、节省材料、降低成本、增产增收等优点。

■ **知识拓展**

常用文献查找网站：

百度学术：http://xueshu.baidu.com/

中国知网：http://www.cnki.net/

 模块二　栽培基质的配制

　　自然界中花卉种类繁多，每种花卉都有其独特的习性，不同种类花卉分布在不同的地理环境中，就单一花卉而言，也有不同品种。就兰花而言，有的长在树上，有的长在石灰岩上，有的长在沼泽地中。因此，根据不同花卉的习性，选择合适的栽培基质就显得尤为重要。如生长在不同环境中的兰花对基质酸碱度的要求差异比较大。生长在草地、附生于树上的兰花（如蝴蝶兰属、卡特兰属、文心兰属、兜兰属少部分种）喜欢弱酸性的环境和软水；生长在石灰岩上的兰花（如硬叶兜兰、杏黄兜兰、滇西贝母兰等）的根系则需要弱碱性的基质。再则就是要注意兰花的根系是否喜欢潮湿。有些兰花的根系喜欢裸露在空气中生长（如万带兰、指甲兰、蝴蝶兰等），它们就比较喜欢干燥较快的基质，如大块的树皮、蛇木块等；另外一些地生兰（如兜兰属部分种及白芨等）以及附生在树上但根系与苔藓地衣等植物共存的兰花（如眼斑贝母兰、卵叶贝母兰、带叶兜兰、虎斑兜兰、飘带兜兰、虎头兰、碧玉兰等），它们的根部需要较高的湿度，并且不耐干透的环境，适宜的栽培基质是水苔、小颗粒石块、树皮等。

　　下面介绍几种常用的花卉栽培基质配方：

　　水苔、松鳞对万代兰出瓶苗栽培成活率的影响显著，可采用的基质体积配比为水苔∶松鳞＝1∶2。

　　大花蕙兰试管苗移栽的最优基质配比为水苔藓∶草炭＝1∶1，基质混合后加共生菌效果更好。

　　草炭土∶花生壳∶泥炭＝2∶6∶3时，对文心兰的新芽增殖有很好的效果，在兰花营养生长上自然发酵花生壳可以部分或全部替代树皮。

　　培育寒兰较为适宜和理想的基质配比为树皮∶腐质土∶珍珠岩＝8∶1∶1。

　　墨兰的栽培种植基质以椰糠∶石砾＝1∶2的效果最好。

　　最有利于石斛兰生长的栽培基质为火山岩∶木炭∶椰糠＝1∶1∶2。

在四季秋海棠的营养生长期和生殖生长期,草炭：珍珠岩＝2∶1的基质最有利于四季秋海棠株高的增加、冠幅的增大和小花数的增多,同时有利于四季秋海棠地上和地下部生物量的增加及植株根系的伸长;在进行四季秋海棠盆花栽培时,可选用草炭：珍珠岩＝2∶1作为无土栽培的基质。

草秆：珍珠岩：松树皮＝2∶1∶1时,四季秋海棠分枝数、叶片厚度、开花数、地上部分鲜干质量和相对叶绿素含量均最大。

知识拓展

常用文献查找网站：

百度学术：http://xueshu.baidu.com/

中国知网：http://www.cnki.net/

项目自测

1. 有机基质的种类有哪些？分别有什么特点？

2. 无机基质的种类有哪些？分别有什么特点？

3. 选用花卉栽培基质时,应考虑的问题有哪些？

项目小结

本项目主要对特色花卉栽培基质的种类、来源、用途、价格、优缺点、使用方法以及发展现状等内容做了简要介绍。意在为特色花卉栽培过程中基质的选用提供参考,希望读者可以通过对本项目的学习,对特色花卉栽培基质有一个初步的认识,加深对基质的了解,以便在园艺生产实践过程中,能够结合花卉本身的特性,选用最适合的基质,以便促进花卉的生长发育,追求最大的效益。

项目三

特色花卉主要栽培方式及肥料使用

项目提要

本项目介绍了特色花卉的几种栽培方式,以及特色花卉在肥料施用上的特点。

模块一　特色花卉主要的栽培方式

特色花卉之所以"特",主要体现在其栽培方式上,如球兰、石斛兰等常常附生在树干、石壁上;食虫植物生长在贫瘠的土壤或水中;空气凤梨无须任何基质即可生长等。因此,不同的特色花卉在栽培基质及栽培方式的选择上会有所不同。

一、盆栽方式

盆栽即将植株种植在盆中的栽培方式是生产上最常用的栽培方式之一,造价也相对低廉。盆的类型有很多种,常见的有塑料盆、素烧盆等。不同的盆具有不同的特点,可根据不同花卉的种类来选择。

(一)塑料盆栽培

塑料盆是目前最方便获得的盆器,造价低廉,形式多样,规格齐全。材质质地从软到硬,有透明、黑色、红色、绿色等多种颜色可供选择。

软盆大多数用于大量栽培或是用于各阶段种苗的假植盆使用。硬质盆大多数用于定植或销售成品植株。

透明塑料盆目前大多用于栽培以蝴蝶兰为代表的兰科植物的各阶段苗等使用,由于兰科植物的根系需要进行光合作用,同时部分兰科植物生长过程中需要观察根系生长的状况,因此兰科植物在各阶段苗栽培过程中可以使用透明塑料盆。黑色、红色及其他颜色的硬质盆多用于成品苗阶段,有些塑料盆上带有挂耳,可将盆进行悬挂。

塑料盆的优点:造价低廉,容易获得,在生产上使用量非常大。其缺点:透气性不佳,种植植物易造成"头重脚轻",重心不稳而翻到。

(二)素烧盆/素烧盆栽培

素烧盆,或者叫素烧盆,是目前使用比较普遍的花盆,这种盆用普通黏土制坯晾干,经窑烧后即成,无须上釉,价格便宜,透气性能及渗水性能好。普通的有按国家花盆标准生产的标准盆,形式简单,以及具有设计感的粗陶盆及各种造型花盆。

素烧盆大多数用于栽培以卡特兰为代表的喜根部透气的植物,其优点是造价不高、透气性好、排水良好,在栽培过程中使用量非常大。缺点是质量较重、容易破碎,有些没有烧熟透的盆,用1~2年会自行脆化破碎。由于透气性较好,水分流失较快,因此需要注意补水,且由于质地不紧密,空隙较多,因此肥料容易堆积在空隙中,使用一定时间后会出现积盐现象。

(三)紫砂盆栽培

紫砂盆外观大气,外形美观雅致,一般放置于客厅、居室,是栽培高价值花卉的容器。

紫砂盆的优点是:外形美观大气,可用于高档花卉的摆设点缀。缺点是虽然与素烧盆一样都是经过高温烧制,但是相对于素烧盆,紫砂盆透气、渗水性能一般,且价格较高,一般不作为大规模生产的栽培容器使用。

(四)木框栽培

木框是由木条钉制而成的一种栽培容器,一般可选用的木条材质有防腐木、杉木等,可根据实际需求做成正方形、长方形、五边形、六边形等形状,可在木框上增加铁丝挂耳吊挂,多用于种植适应粗基质的花卉,以及需要悬挂栽培的花卉。

木框的优点是形状多变,可根据实际需求来定制,制作工艺简单,一般家庭也可完成制作。缺点是由于其为木制品,在使用寿命上相对塑料盆、素烧盆要短,透气性太强,可用的植物品种不多。

（五）其他材质的盆

除了常见的塑料盆、素烧盆、紫砂盆外，在特色花卉的栽培中还可以用到桫椤盆、椰壳或椰壳纤维盆、陶瓷盆等。其中，桫椤盆是由蕨类植物桫椤的茎段制作而成，多用于栽培热带兰，但由于采集难度大且资源逐渐减少，目前已经比较少见。椰壳或椰壳纤维盆造价低廉，容易获取，透气性强，是泰国等东南亚国家生产特色花卉常用的栽培容器之一。

二、地栽方式

1. 花坛、花境栽培方式

花坛是在规整的几何轮廓内将花木按一定色块规则排列组合，花坛一般以株型低矮、开花整齐、花期集中的花卉为主，讲究颜色鲜明，具有一定的平面图案。花境在平面外形轮廓上呈带状或不规则状，在立面上呈高低错落的花木组合栽培方式，一般要求呈现丰富的季相变化，展示植物在自然环境下的群体美。

特色花卉由于价格较高，栽培方式特殊，所以在我国目前一般较少作为长期栽植的露地景观植物使用，多数是作为高水准的主题景观布置使用。如 2017 年 1 月云南西双版纳植物园以"多肉秘境"为主题的多肉植物展，展出了 11 科 100 余种 472 盆近 3 000 株植物；2018 年 7 月上海辰山植物园举办了以"迷雾森林"为主题的食虫植物展，持续 15 天的时间，以叠石、苔藓、枯枝搭建精致的云雾雨林、苔原、瀑布等食虫植物景观；从 2017 年开始广西南宁青秀山公园每年春季都举办大型的兰花展，以不同的兰花造景，形成特色鲜明的主题景观。

2. 水体景观栽培方式

水体景观是指以水体和植物为主构成的景观，景观中植物的选择是非常重要的。目前，选择水体景观中的造景植物的种类，基本上可以从景观效果及是否可以净化水质、保持水土等几个方面来考虑。

水生植物自身的优势决定了其在园林中的地位会越来越高，选择水生植物的种类，首先应考虑配置的艺术原则，并注意植物的季相变化。长期以来水生植物的选择范围都比较小，常见的有睡莲、荷花、再力花、旱伞草等，为了丰富水体景观效果，近几年泰国、美国以及我国的育种者培育出了一批批新的水生植物品种，如具有"鸳鸯花色"的睡莲新品种"万维莎"（'Wanvisa'）；花色可随温度、光照变化而交错出现粉、黄和橘红色的睡莲新品种"乌汶"（'Mangkala Ubol'）；2008—2018 年日本培育出来的几个鸢尾品种'Kimono Silk''Bewitching Twiligh''Jhon's Fancy''Sugar Dome'等以大花而闻名。浙江省的园林公司已尝试应用鸢尾构建水生花海景观。

三、立体栽培方式

立体栽培也叫垂直栽培是立体化的无土栽培方式,这种栽培方式充分利用空间,通过悬挂、立柱、搭架等手段将植物按垂直梯度分层栽培,向立体空间发展,充分利用温室、阳台等的空间。近年来,我国城市化进程加快,高层建筑不断增加,利用立体栽培的方式进行垂直绿化是增加绿化面积、改善生态环境的重要途径之一。

(一)附生植物栽培方式

附生是指附生植物的生长方式,这类植物大多不跟土壤接触,其根系附着在树木的枝干或裸露的岩石壁上生长,通过吸收空气中的水分、雨露及根系周围有限的腐殖质如腐烂的枯树叶、动物排泄物等形成的养分为生,常见的有兰科植物、凤梨科植物、部分蕨类植物等。附生栽培方式是模仿附生植物的生长方式而人为地将附生植物栽培在木制材料或石质材料等栽培基质上的栽培方式。

1. 板植及原木栽培

板植及原木栽培是附生栽培的主要方式之一,附生植物在原生地一般附生于树干或岩石上,根、茎、叶长期暴露在空气中,板植栽培是和原生境生长方式类似的一种仿生栽培方式(图 3.1)。一般可以选择的板植材料有桫椤板、软木板(或称栓皮栎板)、杉木板等,原木一般可用栓皮栎、荔枝、龙眼等树的树杆、树桩等。

可通过绑扎的形式,把附生植物栽植到木板或原木桩上,待植物的根系附着在板材上即可将绑扎绳拆除。此栽培方式的优点是管理简便、可充分利用空间、仿原生态栽培景观效果好等。缺点是板植栽培所用的木制板材、原木材料保水保肥能力差;不同的木质材料使用寿命不一致,如板植材料的寿命短于原木;在使用的过程中,容易受到真菌的侵蚀,导致材料损坏,影响种植。

2. 附石栽培

附石栽培是栽植附生植物的常见仿生栽培方式之一,其方法是将植株固定在石质材料上,待根系生出并攀附在石质材料上的一种栽培方式。常用的石质材料有火山石、丹霞石、红砖等具有多孔隙的材料。由于石质材料理化性质较为稳定,不易腐败,使用寿命长,附生植物栽植上后基本可以不用更换基质,因此可以作为永久的栽培介质使用。附石栽培方式近年来被用于改善石漠化环境,在园林上附石栽培主要用于增加园林景观的趣味性。但由于附石栽培中的石质材料质量较重,因此很难作为大规模栽培附生植物的生产方式,在景观运用中也仅是作为部分造景使用。

图 3.1　石斛兰附生板植栽培

（二）垂吊栽培方式

垂吊栽培作为立体栽培的一个方式被广泛地运用在特色花卉的栽培中。一般用于垂吊栽培的植物大多都具有较好的下垂特性,植株叶片紧密,可供观赏的部位除了花和叶外,根系也是垂吊栽培观赏的一个方面。

1. 裸根垂吊栽培

裸根垂吊是指植物的根系不接触栽培基质,直接裸露在空气中,依靠空气中的水分和养分进行生长(图 3.2)。常见的裸根垂吊植物有万代兰、空气凤梨等。裸根垂吊栽培不需要栽培基质,相对来说是一种比较干净的栽培方式。

图 3.2　裸根垂吊栽培

2. 垂悬倒吊栽培

进行垂悬倒吊栽培的植物是根据其生长方式来决定的,由于这类植物的枝条柔软、下垂,因此为了适应其生长方式以及栽培的美观程度,可将其进行倒吊栽培。常见的植物有蕨类植物马尾杉、带状瓶尔小草等。

 ## 模块二　特色花卉栽培肥料类型及用途

肥料是花卉生长发育的"粮食",是保证花卉正常生长发育和高产优质的先决条件,是保证其花繁叶茂的物质基础,施肥的目的在于补充土壤营养物质的不足,满足花卉生长发育过程中对营养元素的需求。花卉肥料对花卉的生长发育及开花质量具有非常重要的影响,并且花卉生长发育的不同阶段对营养元素的需求也不同。下面介绍几种花卉栽培的肥料类型及用途。

一、有机肥

有机肥亦称"农家肥料"。凡以有机物质(含有碳元素的化合物)作为肥料的均称为有机肥料。主要来源于植物或动物,施于土壤以提供花卉营养为其主要功能的含碳物料,经生物物质、动植物废弃物、植物残体加工而来,包括人粪尿、厩肥、堆肥、绿肥、饼肥、沼气肥等,具有种类多、来源广、肥效较长等特点。

(一)有机肥的优点

1. 养分充足,营养全面

腐熟的有机肥富含大量有益物质,包括多种有机酸、肽类以及包括氮、磷、钾在内的丰富的营养元素,不仅能为花卉提供全面营养,而且肥效长,可增加和更新土壤有机质,促进微生物繁殖,改善土壤的理化性质和生物活性。

2. 较好的促进植物吸收

有机肥在腐解过程中还能产生各种酚、维生素、酶、生长素等物质,都能够促进植物根系的生长和对养分的吸收,且还能够使植物避免受到肥料的伤害。

3. 成本低,经济实惠

有机肥根据来源通常分为动物性有机肥和植物性有机肥。动物性有机肥包括人粪尿,禽畜类的羽毛蹄角和骨粉,鱼、肉、蛋类的废弃物等。植物性有机肥包括豆饼及其他饼肥、芝麻酱渣、杂草、树叶、绿肥、中草药渣、酒糟等。可以自制有机肥或是到市场上购买也相对经济实惠。

(二)有机肥的缺点

如果施用"生肥"则常常会产生热害。一般有机肥未经腐熟就直接施用,而且施用量又大时,肥料则会在土中继续分解,分解过程中产生了有机酸,酸化了土壤并释放出了热量,从而造成植物根系的受伤,出现肥害。除此以外,如果施用"生肥"的话,还有可能因其携带或者是含有大量的病菌、寄生虫卵,或者是其他有毒有害的物质而引起病害,实践中常见一些因为施用了"生肥"而引起花卉和园林苗木的肥害或病害的并发、多发。

(三)特色花卉使用有机肥的种类

大部分的特色花卉生长环境特殊,部分根系不发达或具有肉质根,因此在有机肥的使用上有严格的要求。未经完全腐熟的有机肥须严格限制使用,如在果树、蔬菜栽培上常使用的农家肥如厩肥、鸡鸭粪等,其带菌较多,腐熟不充分,因此有些特色花卉如兰科植物、食虫植物等不能直接使用。

1. 农家肥类

(1)厩肥　厩肥是指家养牲畜的粪肥,养分齐全,肥效持久。厩肥在花卉栽培中除作培养土配制外,还作为基肥使用。它是沙质土及温室花卉栽培中常用的肥料。其浸出液也可作为追肥施用,施用浓度在10%左右,但必须发酵腐熟后方可使用。

(2)鸡鸭粪肥　鸡鸭粪肥是含磷量较高的有机肥料,使用得当能使花卉生长发育充实,特别是观花和观果类花卉使用,肥效更显著。因其发酵时会发出高热,故必须充分腐熟后才能加以使用,以免造成根系灼伤,影响植物生长。可以混入培养土中作为盆花的基肥,也可施入花圃地,但易滋生蛴螬等地下害虫。使用前最好在肥堆上浇灌辛硫磷500倍稀释液,作为液肥追施,应进行稀释,一般取1份液肥上清液加4～5份水,混合均匀后浇施。

(3)饼肥　饼肥是指各种油粕,如豆饼、花生饼、菜籽饼的发酵肥。这是花卉栽培中使用较多的肥料,含有氮和磷,是一种良好的花卉肥料,对花卉生长发育和开花有很好的促进作用,但必须经发酵腐熟后方可使用。可以作基肥使用,也可作为追肥使用。作追肥使用时,可配制成矾肥水(黑矾、豆饼、猪粪、水,可按1∶3∶5∶100的比例放入缸内混合发酵,腐熟后上部的黑色液用来浇花),取上清液兑水90%左右浇花。

(4)骨粉肥　骨粉肥是一种迟效性肥料,富含磷质。可提高花卉品质及加强花茎强度,与其他肥料混合发酵使用效果更好。特别是对多年生盆栽花卉,结合上盆、换盆和翻盆,取适量直接放在盆土的下面做盆花的基肥,可较长时间地供给花卉生长发育所需的磷素。

(5)草木灰　草木灰是指被燃烧的柴草灰肥。它是一种钾肥,肥效较高,但易使土壤固结,可拌入培养土中使用,也可以拌入苗床使用,以利起苗。

2. 人工加工有机肥类

(1)海藻肥　海藻肥是一种使用海洋巨藻类生产加工或者是再配上一定数量的氮、磷、钾以及微量元素加工出来的肥料,目前是花卉种植流行施用的肥料品种。目前市场上较为常见的有海藻颗粒肥、海藻有机肥、生物菌肥、冲施肥、叶面肥。包括海藻颗粒肥和海藻有机肥两大类。

① 海藻颗粒肥 主要元素是氮、磷、钾，配以海藻提取物，一般都是 40 kg 包装，适合大型基地施用，家庭养花者只能购买散装产品。

② 海藻有机肥 N、P、K 三者含量总和在 6% 左右，有机质含量在 30%，主要作用是改良土壤，提高土壤疏松透气性，增加土壤团粒结构，缓解土壤板结。因为海藻作为有机质，成本比动物粪便肥要高但环保清洁不含有杂菌和虫卵，适合掺混营养土或者作底肥使用。

③ 海藻叶面肥 以海藻提取物为主，通过添加其他植物所需的元素螯合而成的液体或者粉状肥料，根据不同功能又可分为广谱型、高氮型、高钾型、防冻型、抗病型、生长调节型、中量元素型和微量元素型，主要包装为 10 g(mL)、20 g(mL)、100 g(mL)、200 g(mL) 等。

(2)腐殖酸类肥料 腐殖酸类肥料是一种有机肥料。天然的腐殖酸，是由植物残体经过分解形成的。广泛存在于土壤，河泥和埋藏较浅的风化煤、草炭、褐煤之中。含有碳、氢、氧、氮等元素，有一定的肥效，但大部分难溶于水，若与钾、钠、铵等离子化合，晒干氨化，就易作为养分被植物吸收，在花卉上施用可起到抗旱、防寒、增产和改善品质的作用，同时能使板结土壤变为有机结构的土壤，降低土壤表层有害盐分，增加土壤微生物数量，促进土壤有效养分释放以提高养分利用率。

① 腐殖酸原粉 是一种结构复杂的天然高分子芳香族弱酸有机聚合物，属于生物残基经微生物分解发酵转化及地球化学循环的一系列作用积累起来的一类物质，主要来源于风化煤、泥炭(草炭)和褐煤。一般呈褐色粉末或颗粒状，大部分溶于水。可改良土壤团粒结构，调节土壤水、肥、气、热状况，调节土壤 pH，达到酸碱平衡，同时腐殖酸具有胶体性状，可改善土壤微生物群体，适宜益生菌的生长繁殖。

② 农用腐殖酸钾 是以风化煤、褐煤为原料的腐殖酸成分，加入氢氧化钾相互作用水解而成。呈弱碱性，是一种含有芳香结构大量官能团有机大分子化合物，有较多的含氧活性基团，既有较强吸附、交换、络合和螯合能力，能电离成带负电荷的水化能力很强的水化基团。一般呈褐色粉末或颗粒状，易溶于水。可改善土壤物理性状，减少土壤密实性，调节土壤 pH，增加土壤保肥水力，同时能增强植物细胞代谢，提高植物呼吸作用和光合作用，增强花卉的抗旱、抗寒、抗病能力。

③ 有机腐殖酸复混肥 有机腐殖酸复混肥以天然优质腐殖酸为载体，采用新型工艺、科学方法配制而成，富含有机质、腐殖酸，加以合理配比的氮、磷、钾及适量

的中微量元素,集长效、速效、物效于一体,对土壤、花卉安全,无污染、无公害。一般呈褐色颗粒状,大部分溶于水。因其配以无机氮、磷、钾肥后,养分均衡适用性广,可广泛用作基肥及追肥。

(3)有机缓释肥　有机缓释肥指的是不含化学肥料成分,以有机物料为主要载体通过生物发酵后的肥料,这类型肥料主要是由各类饼肥如豆饼、花生饼、菜籽饼发酵后作为主要材料,经高温杀菌后再配以有益菌群,最后造粒而成,具有缓慢释放肥效的作用。能为土壤提供有机质来源,增强土壤活性,易于土壤中微生物的繁殖,适合根系不发达但需要有机养分全面的花卉施用。具有环境友好、有利于土壤改良、养分缓释等特点。

有机缓释肥中的天然活性有机物质进入土壤后对土壤微生物产生激发作用,促进有机氮和无机氮的交换,在肥料使用前期,土壤无机氮浓度较高,肥料氮被微生物暂时储存;在后期,有机氮逐渐矿化,供给作物吸收利用。缓释肥可使原肥料利用率提高50%～100%,在减少1/3～1/2施用量的情况下,产量仍较普通肥料有明显增加,并可大大改善花卉品质。同时减少氮素的挥发、淋失以及对环境和地下水的污染,能有效地保护生态环境,更有利于高产、高效、优质农业的持续发展,经济、社会和生态效益都十分显著。花卉缓释控释肥料能长期、稳定、均衡地提供花卉植株所需的多种养分,使植株生长健壮,根系发达,叶色浓绿,花色艳丽,而不会造成植株的不均衡生长,同时可减少病虫害的发生,且施用简单,生态效益显著。

(4)生物菌肥　生物菌肥以有机肥为基础,添加大量活性菌制成。主要作用是可以抗重茬、提高土壤 P、K 的利用率,杀根结线虫。可以作为底肥使用,一般是20～40 kg 包装。

(5)特殊有机肥料　特殊有机肥料是在有机肥的基础上研制的专用型肥料,比如移栽肥、苗床肥、主要以 5～10 kg 小包装为主,适合一般花卉蔬菜基地或家庭使用。

(6)冲施肥　冲施肥是以 N、P、K 和有机质以及氨基酸、黄腐酸通过一定技术制成速溶性液态、膏状、粉状等,在浇灌时直接施用于基地进水口,随水流进基地施用。

(7)绿肥　绿肥是用绿色植物体制成的肥料。绿肥的作用很多:

① 为农作物提供养分,其养分含量,以占干物重的百分率计,氮(N)为 2%～4%,磷(P_2O_5)为 0.2%～0.6%,钾(K_2O)为 1%～4%,豆科绿肥作物还能把植物不

能直接利用的氮固定转化为可被作物吸收利用的氮素养分。

② 有机碳占干物重的40％左右,施入土壤后可以增加土壤有机质,改善土壤的物理性状,提高土壤保水、保肥和供肥能力。

③ 可以减少养分损失,保护生态环境。

④ 可改善农作物茬口,减少病虫害。

二、无机肥

无机肥料亦称"化学肥料",由无机物组成的肥料。主要包括氮肥、磷肥、钾肥等单质肥料和复合肥料。无机肥一般营养成分含量高,具有肥效快,便于被作物直接吸收利用,增产显著,以及施用和贮运方便等特点。但无机肥不含有机质,在化学合成机械加工中,需耗用大量能源,污染环境,并且长期施用无机肥也不利于土壤肥力的提高。以下介绍特色花卉常用的几种无机肥。

(一)大量元素水溶肥料

大量元素水溶肥料是以肥料三大主要元素氮、磷、钾为主,并添加中、微量元素。大量元素水溶肥能快速溶于水,容易被花卉根系直接吸收利用,是一种速效性肥料。这种速效性肥料,肥效速度快,肥力猛,肥效时间短。大量元素水溶肥根据其元素的不同配比可分为均衡型、高氮型、高磷型、高钾型以及专用肥等。一般适用于各种盆栽花卉的追肥,颗粒施用或配成稀薄溶液浇施。也可作为一、二年生地栽或盆栽花卉的基肥。

1. 均衡型复合水溶肥

均衡型复合水溶肥指含有氮、磷、钾三要素中的两种和两种以上养分的肥料,可以通过化学合成和混配制成。其对养分失衡非常有效,尤其是改善土壤脱肥效果最好,能满足作物全生育期的营养需求,适用范围广,含有高比例的硝态和脲态氮,平衡的氮磷钾供应能促进植物叶片快速厚绿、根系和茎的均衡生长、防止作物徒长,有效的均衡营养、提高产量、增强品质。

2. 高氮型水溶肥

高氮型水溶肥可以调节作物营养生长和生殖生长的协调发展,增强花卉抵抗逆境能力。较常使用的氮肥为尿素和硫酸铵,它们是速效性氮肥,肥力大,见效快,但持效期不长,一般作追肥使用。尿素偏碱,适用于北方花卉;硫酸铵偏酸,适用于南方花卉。用时最好加水1 000～1 500倍稀释,然后浇灌,不要在盆中撒施,否则常因施用量不准而将花木烧死。

3. 高磷型水溶肥

高磷型水溶肥可以有效地促进花卉根系生长、花芽分化,保花保果,含有大量的缓冲离子,可满足喜酸作物对环境的要求,同时对于碱性土壤的改良也有很大帮助。常用的磷肥有磷酸二氢钾、过磷酸钙等。

磷酸二氢钾是高级速效磷钾肥料,肥效显著,又相当卫生,是使用率最高的磷肥,对花卉的生殖生长效果显著。其能使植株健壮,叶色翠绿,花蕾繁多,花果硕大,色泽艳丽。

过磷酸钙是速效性磷肥,呈微酸性反应,肥力比较柔和。用时可按 1∶100 的重量比和培养土相混合,或在种植前撒入花圃、花坛,翻耕后做基肥。追肥时需先加水 100 倍,浸泡一昼夜后取上面的澄清液浇灌。

4. 高钾型水溶肥

钾元素在植物生长发育过程中,参与 60 种以上酶系统的活化、光合作用、同化产物的运输、碳水化合物的代谢和蛋白质的合成等过程,有促进花卉枝干及根系健壮的作用。常用的水溶性钾肥有磷酸二氢钾。

(二)微量元素水溶肥

微量元素包括硼、锌、钼、铁、锰、铜等营养元素。虽然植物对微量元素的需要量很少,但它们对植物的生长发育的作用与大量元素是同等重要的,当某种微量元素缺乏时,作物生长发育受到明显的影响,产量降低,品质下降。常用的微量元素肥有单一元素型,如硫酸亚铁、硼酸等;也有复合型的微量元素肥,如钙镁磷复合水溶性肥、磷酸铵锰复合性肥等。

(三)缓释肥

缓释肥又称长效肥,主要指施入土壤后转变为植物有效养分的速度比普通肥料缓慢的肥料。其释放速率、方式和持续时间不易控制,受施肥方式和环境条件的影响较大。缓释肥的高级形式为控释肥,是指通过各种机制措施预先设定肥料在作物生长季节的释放模式,使其养分释放规律与作物养分吸收同步,从而达到提高肥效的一类肥料。缓释肥能长期、均衡、稳定的供给植物养分,且不会造成植株徒长,同时有减少花卉病害发生率,使植物生长健壮、叶色翠绿、根系发达等作用,从而提高花卉观赏品质,增加种植经济收入。

1. 缓释肥的标准

作为缓释和控释肥应符合以下几个具体标准（在 25℃下）。

（1）肥料中的养分在 24 h 内的释放率（即肥料由化学物质形态转变为植物可利用的有效形态）不超过 15％；

（2）在 28 d 内的养分释放率不超过 75％；

（3）在规定时间内养分释放率不低于 75％；

（4）专用控释肥料的养分释放曲线与相应作物的养分吸收曲线相吻合。

2. 缓释肥的类型

缓释肥主要是控制氮肥，常见的有 3 种类型。

（1）微溶态油剂缓释肥　把氮肥做成微溶于水的有机化合物，使氮素在土壤中缓慢溶解释放，如脲甲醛、草酰胺、亚异丁二脲等。

（2）包膜缓释肥　在肥料颗粒表面包一层半透性膜，根据包膜的厚度、渗透性和降解速度控制养分释放量，来满足作物生长期养分需要。

（3）添加脲酶抑制剂和硝化抑制剂的缓释肥　在氮肥中添加脲酶抑制剂和硝化抑制剂，来抑制尿素转化为碳铵和进一步转化为硝铵的速度。延长氮肥在土壤中存留时间，减少流失，提高化肥利用率。常用的抑制剂有双氰胺、氰醯等。

对苗期和花期需肥量大的花卉，要选择释放期长的控释肥，否则在后期可能出现养分供给不足的现象。

三、其他肥料类型

（一）微生物肥料

微生物肥料是由一种或数种有益微生物、经工业化培养发酵而成的生物性肥料。通常把微生物肥料分为两类：一类是通过其中所含微生物的生命活动，增加了植物营养元素的供应量，导致植物营养状况的改善，进而增加产量，其代表品种是菌肥；另一类是广义的微生物肥料，虽然也是通过其所含的微生物生命活动作用使作物增产，但它不仅仅限于提高植物营养元素的供应水平，还包括了它们所产生的次生代谢物质，如激素类物质对植物的刺激作用。微生物肥的分类按其功能和肥效可分为以下几类。

① 增加土壤氮素和作物氮素营养的菌肥，如根瘤菌肥、固氮菌肥、固氮蓝藻肥等；

② 分解土壤有机质的菌肥,如有机磷细菌肥料、综合性菌肥;

③ 分解土壤难溶性矿物质的菌肥,如磷细菌肥料、钾细菌菌肥、菌根真菌肥料;

④ 刺激植物生长的菌肥,如促生菌肥;

⑤ 增加作物根系抗逆能力的菌肥,如抗生菌肥料、抗逆菌类肥料。

微生物肥料的功效是一种综合性作用,一般不直接为农作物提供营养元素,而主要起间接营养的作用,总的来说能增进土壤肥力、改良土壤结构、刺激作物生长发育、增强植物抗病虫和抗逆性、分泌植物激素类物质、维生素等,还有刺激和调节花卉生长发育的作用。

微生物肥料在提高肥料利用率方面有明显作用,根据花卉种类、土壤类型和气候条件,微生物肥料与化肥的合理配合,既能增加花卉品质,又能提高肥料利用率,这不仅有经济上的意义,而且有生态学和环境保护的意义。除上述作用外,微生物肥料施用后不会造成有害物质在作物体内积累;对农业生态环境无不良影响,有的还具有土壤净化剂的功效,能降低土壤中过多积累的有机物。如能分解纤维素、木质素等的微生物肥料,可对城市生活垃圾、农牧业有机废弃物进行快速发酵。

(二)复合生物菌肥

复合生物菌肥根据花卉的生长需要,从自然界采集多种活性菌种,运用土壤生物技术与遗传工程微生物,经科学方法提纯、复壮、组合而成,是一种高效、优质、多营养、无污染、无公害的新型环保生物活性肥料能促进花卉生长、使花卉色泽鲜艳,花期长,花叶肥厚,坚挺,叶色浓绿,花香芬芳,纯正自然,香气持久,有利于各类花卉花展且具有施多无害,不伤花、不烧苗、不烂根的特性。

(三)专用配方肥

专用配方肥是在测土配方施肥工程实施过程中研制开发的新型肥料。配方肥是复混肥料生产企业根据土肥技术推广部门针对不同作物的需肥规律、土壤养分含量及供肥性能制定的专用配方进行生产的,可以有效调节和解决作物需肥与土壤供肥之间的矛盾,并有针对性地补充花卉所需的营养元素,作物缺什么元素补充什么元素,需要多少补多少,将化肥用量控制在科学合理的范围内,实现了既能确保作物高产,又不会浪费肥料的目的。

由于我国目前拥有自主知识产权的花卉专用肥较少,其价格高昂,比有机肥、化肥高一倍,有些花卉生产企业为了追求花卉生产的现代化和高速度,高价进口德国、美国、荷兰、加拿大等国的花卉专用肥。

在国内，虽然市场上也有一些由非专业厂家或农用肥专业厂家或个体业者等制造的花肥，并被标称为"专用花卉肥料"，但往往是厂家用几种化肥简单混合后进行小包分装的非常粗糙的花肥，这些花肥由于科技含量低、没有根据不同种类的花卉营养特性及土壤—微生物—养分—花卉的共生循环特点进行研制，因而存在各种各样的弊端，其生产成本高、施用效果不显著，有些花卉肥料甚至还不能维持花卉植株的正常生长，因此花卉专用肥是我国目前正在研究开发的新领域。

四、花卉的施肥方法

一般而言，花卉的施肥方法主要分为根部施肥（土壤施肥）和叶面施肥两种。

（一）根部施肥

根部施肥可分为撒施、条施、穴施以及环施这几种类型。撒施：即将肥料直接均匀地泼洒在土壤上，其操作简便、能均匀地分布到土壤耕作层，但利用率低、易污染环境。条施：即在植物行间接近植株根部开沟，然后将肥料施加在其中。穴施：即在植株旁边挖洞，将肥料填入其中，这种施肥方法适用于需要肥料较多或是比较集中的花卉植物。环施：其比较适合于多年生植株，是在距离植株根部树 $30\sim50$ cm 处挖环状沟，然后在沟内施肥。

（二）叶面施肥

即将速溶肥料溶于水内，然后将其喷洒在植株叶子上边，其吸收较为迅速，是土壤追肥的一种有效手段。叶面施肥主要有以下几个优点：吸收迅速及时；有利于提升光合作用和酶的活性；环保节约、利用率高；不受土壤环境制约；有利于提高植物的观赏性。

1. 叶面肥的要求

在施肥之前要注意各元素配比的合理性，以防止拮抗作用出现，叶面肥的 pH 要控制在 $5.5\sim6.5$ 这一范围之内，并要根据不同植物的不同生长发育时期来选择最佳的叶面肥配料。幼苗时期是植物营养积累的关键时期，因此这一时期的叶面肥要提高氮素的含量，同时还要适当加入磷、钾等各种微量元素，以促进植株的健康成长。结果期则是植物生长的末期，此时的肥料中应含有较高的磷素和钾素，还要注意补充钙元素和镁元素，以提升果实甜度以及抗病能力。

2. 叶面肥的主要用途

在花卉萌芽期间,每相隔一周就喷施2～3次尿素或是氮肥,可有效促使植株提前发芽展绿。刚开始施肥的时候肥料浓度要低,以后可逐渐适当提高肥料浓度,若植株发根量不足或根系不发达,则可追施0.2%～0.3%的氮肥或是氮、磷、钾复合肥,以促进植株生根;对盆景植株施加叶面肥,不仅可以为植株补充养料,而且能有效抑制植株徒长现象的发生,从而提高盆景的观赏价值。在开花结果期间喷施磷、锌、锰等肥料还能使果实变得鲜艳、饱满。此外,磷酸二氢钾肥料的喷施能提升花卉植物的耐寒性,效果非常明显。

总之,要根据植株不同的生理特点以及花卉种类来施加不同的肥料,需要什么补充什么,还要根据水质的不同来补充不同的微量元素。叶面肥的施肥时间也比较关键,气温较高的情况下适宜选择在早上十点之前或是下午四点以后施肥;避开下雨天施肥,以避免肥料浪费。此外,叶面肥还可与非碱性农药混合使用,以提高工作效率。为进一步提升叶面肥的利用率和吸收率,还可以在肥料中加入少量洗衣粉,以降低叶面肥的表面张力。

五、花卉合理施肥应注意的问题

(一)施肥要注意季节

冬季气温低,植株生长缓慢,大多数花卉处于生长停滞状态,一般不施肥;春秋季正值花卉生长旺期,根、茎、叶增长,花芽分化,幼果膨胀,均需要较多肥料,应适当多追肥,夏季气温高,水分蒸发快,又是花卉生长旺盛期,追肥浓度宜小,坚持少量多施的原则。

(二)施肥要注意花卉的种类

施肥要注意花卉的种类不同对肥料的要求不同。喜酸性土的杜鹃、山茶、栀子等南方花卉忌施碱性肥料,宜施硫酸钙、过磷酸钙、硫酸钾等酸性或生理酸性肥料。需要每年重新剪的花卉需加大P、K肥的比例,以利萌发新的枝条。观叶花卉需N量较多,N、P、K三者的比例以2:1:1为宜。大型花的花卉在开花期需要适量的完全肥料,才能使所有花都开放且形美色艳,推荐平时使用莲芝宝氨基酸型的有机肥,这个肥的好处在于它的原料是小麦和玉米,粮食本身含有多种微量元素及氨基酸,另外这种肥一般是喷浆造粒,完全溶解需要一段时间,所以肥效长。球根花卉需 K 量较多，N、P、K 的比例以 1∶1∶2 为宜，以利于球根充实。观花观果花卉需 P 量较大，在孕蕾时施 N、P、K 的比例以 2∶3∶1 为宜，这样可促使其花多果硕。对于一年内多次开花的花木，如月季，茉莉，墨兰等，一般可分为 4 个阶段施肥，即第一次施催芽肥，在萌芽前半个月或新叶初展期施用；第二次施催花肥，在花芽分化前 10 d 左右施用，通常施以 P 肥为主的速效肥；第三次施花后补肥，此时应施 N、P、K 复合肥；第四次施越冬肥，北方在霜冻前半个月左右施，主要施腐熟有机肥及 P、K 肥。

知识拓展

推荐书目：

鲍士旦.土壤农化分析［M］.北京：中国农业出版社，2000.

陆建刚.国内外新型肥料的开发［J］.化肥工业，1994.

龙秀文，林杉，游捷等.施氮量和 CAU31 系列控释肥对矮牵牛生长和观赏品质的影响［J］.河北农业大学学报，2004.

侯翠红.控制释放肥料养分释放特性的研究［J］.磷肥与复肥，1998.

林葆，李家康，金继运.中国肥料的跨世纪展望［C］//中国国际农业科技年会，1999.

项目自测

1. 特色花卉常用的肥料有哪些类型？它们的特点和作用是什么？

2. 阐述不同肥料类型施肥应注意的事项。

项目小结

本项目主要阐述了特色花卉的肥料种类和作用以及花卉施肥的方法和注意事项，为特色花卉养植提供了指导意见。

特色花卉栽培各论

■ 项目提要

　　本项目介绍目前在园艺市场上比较少见的,还未大众普及的,在生长方式或栽培方法上比较特殊的,但已经被各个专类植物培育者收集,以及有栽培成功经验的、有观赏价值的部分原生种或杂交种植物。每种植物涵盖其生物学特征(形态特征、开花特性等)、原生种及杂交种的种类及特点、原产地信息或品种信息等。并介绍其栽培方式和栽培方法、繁殖方法、病虫害发生特点及防治方法、观赏特点及园艺应用(家庭盆栽、景观应用等)。

模 块 一 　 兰 科 植 物

　　兰科是单子叶植物第一大科,全科约有 700 属 20 000 余种,主要分布于热带、亚热带地区,少数种类也见于温带地区。我国目前已知有 171 属,超过 1 200 种,且近几年新种兰科植物正不断地被发现。

　　兰科植物家族以其花的色彩丰富、香味特殊、花型独特、植株的形态多变、栽培方式独特等特性,一直以来都是花卉市场的高端花卉,深受人们的喜爱。目前世界上有专门为兰科植物开设的专业展览,如每年都举办的美国兰协兰展、英国皇家植物园兰展、东京兰展等。经过园艺学家完善种植方法、繁育和杂交技术,现在兰科植物大部分已进入园艺市场的产品都在大众的购买能力范围之内。

　　我国兰科植物分布以云南、台湾、海南、广东、广西等省区种类最多。常见植物有石斛兰、春兰、蕙兰、建兰、寒兰、墨兰、蝴蝶兰、杓兰、兜兰等。

一、卡特兰属（*Cattleya*）及其近缘属

　　卡特兰被誉为"洋兰之王",其花大形美,色彩丰富多变,部分品种具有芳香。

原产于中南美洲,卡特兰属几乎全属都已经过人工驯化,进入园艺栽培。从17世纪欧洲人收集卡特兰开始,经过人工选育、杂交栽培,目前卡特兰无论是在原生种的变化上,还是杂交种的丰富度上,都颇具规模。

（一）卡特兰属（*Cattleya*）

1. 生物学特征及物种信息

（1）紫纹卡特兰（*C. purpurata*）　原产于巴西,原来属于蕾丽兰属,现归于卡特兰属,原是巴西国花,是卡特兰原生种中最受欢迎的种类,现经过人工选育出现了多个颜色变异的园艺品种。

单叶型卡特兰,植株高大,30～80 cm,具棍棒状假鳞茎;叶片长方形舌状,革质。花从叶片与假鳞茎连接的叶腋处抽生出,单支花序2～6朵不等,直径为15～20 cm,萼片及侧瓣为白色,唇瓣紫红色,花期5—6月份。经过多年的人工选育,紫纹卡特兰出现了多个颜色变异的品种。比较著名的要数唇瓣灰蓝色变异 *C. purpurata* f. *werkhaeuserii*、唇瓣肉红色变异 *C. purpurata* f. *carnea*、唇瓣蓝紫色变异 *C. purpurata* var. *schusteriana* 以及在萼片和侧瓣上的颜色变异 *C. purpurata* f. *sanguinea*、*C. purpurata* f. *flamea* 等。

紫纹卡特兰原产于巴西南里奥格兰德、圣卡塔琳娜和圣保罗地区,附生于沿海大树上。喜明亮的光照,生长适温为25～35℃,冬季可耐8～10℃的低温。

（2）马克西马卡特兰（*C. maxima*）　原产于委内瑞拉、秘鲁、厄瓜多尔以及哥伦比亚,垂直分布落差较大,海拔10～1 500 m均有分布。马克西马卡特兰属单叶型卡特兰,以其特殊纹路的唇瓣而闻名,唇瓣边缘呈波浪状,中间有一条亮黄色的蜜导线,围绕蜜导唇瓣布满深色的唇纹。根据其原产地海拔以及植株高度,可分为高地种和低地种两大类。

高地种马克西马卡特兰原产于委内瑞拉、哥伦比亚的山区,生境海拔在800～1 500 m。植株相对矮小,株高10～20 cm,花色浓艳,以深红、紫红等颜色为主,单支花序1～3朵花。

低地种马克西马卡特兰原产于厄瓜多尔等地,生境海拔在800 m以下。植株高大挺拔,株高30～60 cm,花色淡雅,以蓝色、粉色等为主,单支花序可达5～8朵或更多。低地种马克西马卡特兰因其花多,色彩丰富,开花量大,一直都是各大兰展的得奖热门。如 *C. maxima* f. *coerulea* 'Hector' AM/AOS 是美国兰展的得奖个体;*C. maxima* f. *semi-alba* 'La Pedrena' SM/JOGA 是日本东京国际兰展的得奖个体等。

(3)金黄卡特兰(*C. dowiana*)　原产于哥伦比亚和哥斯达黎加,单叶型卡特兰,附生于海拔 300～1 000 m 灌木丛中,秋季开花。金黄卡特兰的变种(*C. dowiana* var. *aurea*)是哥伦比亚国花。花色亮眼,暗红色带金黄色纹路的巨大唇瓣是金黄卡特兰的重要特征。

(4)中等卡特兰(*C. intermedia*)　也称英特美地卡特兰,原产于巴西南部,附生于靠近海边的岩石上或大树上,因其适应性较好,是目前栽培比较广泛的双叶型卡特兰,其原种中人工选育的园艺变种与紫纹卡特兰一样是最多的。植株高 15～25 cm,花梗从着生于假鳞茎顶部的对生叶抽出,单支花序 2～6 朵,花萼片及侧瓣白色或粉红色,唇瓣上部呈筒状包裹合蕊柱,白色到粉红色,下部紫红色。通过多年的人工选育,中等卡特兰出现了非常多的颜色或部分花型变异种,如唇瓣蓝色变异的 *C. intermedia* f. *coerulea*、唇瓣上部边缘出现环状颜色变异的 *C. intermedia* f. *orlata*、侧瓣唇瓣化出现插角纹的 *C. intermedia* var. *aquinii* 等。在这些变异中,目前最为有名的要数 *C. intermedia* var. *suavissima* 'Tokyo' 1st/12woc,此个体是中等卡特兰唇瓣水晶蓝色变异,曾获得第十二届世界兰展评分第一名。

(5)沃克卡特兰(*C. walkeriana*)与高贵卡特兰(*C. nobilior*)　沃克卡特兰(*C. walkeriana*)也称"走路人",两者均原产于巴西等地,都属于植株矮小型卡特兰,假鳞茎粗短肥壮。沃克卡特兰(*C. walkeriana*)以其形如大鼻子样的合蕊柱闻名。

2. 栽培方式

(1)盆栽方式　一般盆栽卡特兰可以选择的容器有素烧盆、塑料盆、蛇木盆、木框等。根据卡特兰的种类和植株大小来选择不同的栽培容器。一般常用的有素烧盆和塑料盆两种。

素烧盆透气性及排水性较好,比较适合根系粗壮的卡特兰,素烧盆加水苔的种植方式,是种植卡特兰最常用的方式之一。

塑料盆的保水性能比较好,但透气性不佳,因此使用塑料盆栽植卡特兰时,应选用排水性好的基质,如兰石∶树皮＝1∶1 的比例,或兰石∶椰壳粒＝1∶1 的比例等。

栽培基质有水苔、兰石、树皮、蛇木屑、椰壳粒等。

(2)附生栽培方式　卡特兰属于附生植物,因此附生栽培方式是还原卡特兰自然生长状态最佳的方式之一,同时也是使用卡特兰造景常用的手法。可以选用作为附生栽培的基质有蛇木板、栓皮栎板、栓皮栎原木段等。

3.栽培方法

(1)温度要求　卡特兰属原产于南美洲的热带丛林或山地,喜温暖、湿润环境。生长适温为20~30℃。在华南地区栽培,大部分品种夏季可耐35℃的高温,冬季温度在15℃以上时,卡特兰可以进行正常管理,当温度低于15℃时需要进行控水栽培。当气温低于10℃时,应断水栽培,降低卡特兰的生理活动,保证植株的安全越冬。当气温长时间低于5℃时,应及时加温以防止卡特兰的冻伤甚至冻死。

(2)光照要求　卡特兰是喜光植物,光照对于卡特兰的开花具有较大的影响。在华南地区,除夏季正午需进行50%~60%的遮阳外,其余春、秋、冬季节每天需接受6~8 h的阳光直射。

(3)湿度及水分要求　卡特兰生长季节,应保持空气湿度在60%~80%,若空气湿度过低会导致植株生长不良。在栽培过程中,同时要保证生长环境有较好的通风,通风不良植株容易感染病害。

卡特兰在不同生长发育阶段及季节对于水分的需求都不一样,但都需要遵循"见干见湿"的浇水方式。对于小苗,因植株抗旱能力不强,因此需要保证基质的水分,切忌太干。

夏秋季节浇水要在上午太阳未出来前或下午太阳下山时进行,不可在正午浇水,以免水珠残留在叶片表面,造成叶面灼伤。春季新芽生长时,要注意浇水避开叶心部位,否则容易使叶心积水导致植株腐烂。

(4)肥料要求

① 生长季节施肥　卡特兰的假鳞茎是储存植株营养的部位,因此在新芽生长的季节需要对卡特兰进行系统地施肥,以保证新芽生长的健壮。

一般兰科植物施肥多采用无机肥,有机肥因腐熟不完全以及带有较多的病菌,因此不建议使用。由于卡特兰根系吸收肥料有限,因此施肥一般以缓释肥作为基肥,叶面肥进行追肥使用。

施肥时要注意肥料的成分配比,在植株新芽生长季节,即春夏季以氮肥为主,磷肥少施;假鳞茎膨大季节,即秋季以磷、钾肥为主,氮肥少施,促进植株根系生长及春季开花品种花芽的分化;冬季休眠期,则停止施肥。

② 花期施肥　卡特兰因花直径大,开花量多,因此一次开花耗费的植株营养较多,在开花及花后应及时的喷施以磷、钾肥为主的叶面肥,以保证植株养分的供应。

4. 繁殖方法

(1)有性繁殖法　卡特兰种子在自然栽培状态下，萌发率极低，因此目前人工栽培卡特兰的有性繁殖以无菌播种为主。可用的培养基有 MS 培养基、1/2MS 培养基、KC 培养基等。

(2)无性繁殖法　除了应用组培技术进行繁殖外，卡特兰的无性繁殖还有分株繁殖法。

分株繁殖是成年卡特兰植株繁殖的主要方法之一，一般以 3~4 苗成年假鳞茎为一个繁殖组。用消毒后的剪刀自基部将匍匐茎剪断，由于伤口较大，因此需要对伤口进行涂抹杀菌剂及晾干处理。分株的同时可进行根系的修剪，剪除老旧根系，自基部留 5~8 cm 长即可。新分株的植株，待伤口晾干后即可种植。

5. 病虫害发生特点及防治方法

(1)病害的发生

① 细菌性软腐病　细菌性软腐病是卡特兰最常见的病害之一，多发生于高温高湿、通风不良的环境。一旦发病，植株迅速感染，剪开感染部位可以闻到酸败腐臭的气味。

细菌性软腐病目前无特效药治疗，一旦发现有感染的部分要及时地清除，并涂抹保护性杀菌剂如代森锰锌等，以免感染部位进一步扩大。处理过带菌伤口的工具需及时的消毒，以免传染。

本病平时以防为主，要注意保持种植环境的通风以及防雨，多雨季节定期喷施保护性杀菌剂。

② 日灼病　此病属于生理性病害，当光线过强或叶面有积水时容易发生此病。表现为叶片上出现淡黄色斑块，有别于其他病害，日灼病的病斑无水渍状现象。日灼病影响植株观赏性，因此在栽培过程中要注意浇水的时间以及在夏季正午及时遮光。

(2)虫害的发生

① 蚧壳虫　蚧壳虫属同翅目盾蚧科，刺吸式口器的害虫。卡特兰的假鳞茎含水量较高，新芽及花芽带有蜜露，易吸引蚧壳虫群集。蚧壳虫对植株伤害极大，容易造成植株失去养分、黄化、感染病害，导致植株死亡。蚧壳虫通常寄生在卡特兰植株的叶片背部、叶鞘里和假鳞茎上，尤其以叶背阴暗处和叶鞘里最多。夏季高温高湿、通风不良极易造成蚧壳虫的产生和爆发。

当发现少量蚧壳虫时，可用毛刷将虫体刷去。当虫害大面积发生时需要采用药剂来防治。一般可喷施内吸性强和渗透性强的药剂,如乐果乳油、矿物乳油类杀虫剂等。

②　红蜘蛛　红蜘蛛属蛛形纲叶螨科,是常见的危害性较广的害虫。通常红蜘蛛多集中在卡特兰植株的叶背,导致叶片出现褪绿的麻点,严重时叶片变成灰绿色,并布满白色斑点。高温低湿的环境易引起红蜘蛛的暴发。

提高环境湿度不仅有利于防止红蜘蛛的暴发,又可使卡特兰生长良好。当虫害发生时,可用阿维菌素等杀螨剂对虫害进行控制。

③　蓟马　蓟马属缨翅目,是一种靠吸食植物汁液维生的昆虫,蓟马对卡特兰的危害主要在花朵上,被蓟马侵害的卡特兰花朵出现黑斑而脱落,严重影响商品的品质。蓟马的防治以物理防治为主,可利用蓟马趋蓝色的习性放置蓝色粘板,在卡特兰开花前挂置,能有效诱杀成虫。

（二）蕾莉亚兰属（*Laelia*）

蕾莉亚兰属（*Laelia*）是卡特兰属的近缘属,原产于南美洲的热带、亚热带地区,绝大多数种类来自墨西哥。本属种类不多,只有约 25 种。代表性的种类有:

二侧蕾莉亚兰（*L. anceps*）:原产于墨西哥,附生于阳光充足的岩石上,假鳞茎卵形,稍扁;叶卵状披针形,生于茎端革质;一支花序 2～5 朵,侧瓣白色或紫红色,唇瓣深紫红色,喉部有一黄斑。

金黄蕾丽兰（*L. flava*）:原产巴西,附生与 1 200 m 海拔的岩石上,植株高达 50 cm,茎短,圆柱状,假鳞茎长于基部,紫色;叶狭披针形;单叶,革质,叶面暗绿色,叶背紫色;花序有花 5～9 朵,花全为金黄色,唇瓣边缘波状褶皱。

红晕蕾莉亚兰（*L. rubescens*）:原产于墨西哥至危地马拉一带,海拔落差大,0～1 000 m 均有分布,假鳞茎扁卵形,花粉红色。

（三）白拉索兰属（*Brassavola*）

本属约有 15 种,原产于墨西哥、巴西的热带地区,植株特点为具有厚肉质的棒状条形叶片,假鳞茎较短,花为星状花,大部分种类具有迷人的香味。代表性的种类有:

夜夫人（*B. nodosa*）:原产于墨西哥到巴拿马等地的海岸丛林中,花白色,夜晚有浓烈的芳香。

僧帽白拉索兰（*B. cucullata*）:因其开花形似绽放的烟火,因此也叫"烟火白拉索兰",原产于墨西哥、洪都拉斯等地。

二、石斛兰属（*Dendrobium*）

石斛兰属（*Dendrobium*）是一类花、形、色俱佳的观赏"洋兰"，是兰科的第二大属，近几年来开始热销。虽然是"洋兰"，但我国却是石斛兰的世界分布中心之一，在我华南、西南地区有着许多原生种。与"国兰"重于玩赏不同，我国自古以来对于石斛兰的利用，多在其药用上，在《神农本草经》《本草纲目》等古代中药典籍均有对其药用价值的记载，铁皮石斛更被列为"九大仙草"之首。《中华人民共和国药典》中对石斛功能的介绍是具有"益胃生津、滋阴清热"的功效，是保健上的佳品。通过现代的科技手段，对石斛提取物进行的试验更证明了石斛兰的药用保健价值。

石斛兰花色变化丰富，有红、黄、白、粉、紫等，就连花卉中比较少见的蓝色和绿色都能在石斛兰中找到。国外的兰花业者已经驯化培育了许多石斛兰，随着国外"洋兰"文化与众多栽培种石斛的引进，石斛兰不仅仅在其药用价值上发挥作用，同时它的美丽也被更多的花卉爱好者所了解。

目前发现的原生种石斛兰约有 1 000 种，它们大多都生长于热带、亚热带的高山、丛林等高湿、温暖、阳光充足的环境中。

1. 生物学特征及物种信息

石斛兰种类繁多，形态各异，在园艺市场上按照其自然花期可分为两大类：春石斛和秋石斛。

（1）春石斛　春石斛泛指在春天开花的石斛兰种类，花期为每年的 2—6 月份，目前通过人工的花期调控，可提早到 1—2 月份开花。其为兰科石斛属，多年生附生草本植物，目前在市场上常见的春石斛多为杂交种，它的亲本大多为原产于我国的石斛（*Dendrobium nobile*），最先由英国引入欧洲大陆栽培，并进行改良和育种。第二次世界大战后，日本大力发展春石斛，用春石斛与其他品种的石斛杂交，培育出许多园艺品种。以下是原产于我国及周边国家和地区常见的，可作为亲本使用的原生种春石斛：

① 矩唇石斛（*Dendrobium linawianum*）　别名樱石斛，多年生附生草本；茎丛生，上部稍扁而稍弯曲上升，高 10～30 cm，圆锥形；叶革质，长圆形；总状花序生于具叶和无叶茎上，花色艳。花 2～4 朵；花直径 3～4 cm，蜡质，花瓣粉红色；唇瓣倒卵状矩圆形，先端圆形，唇瓣基部有 2 块深红色斑，先端粉红色；花期 3—4 月份。矩唇石斛开花性极佳，开花量大，茎秆 2/3 的节间芽都可分化为花芽，是非常优良

的育种亲本。

② 黄喉石斛（*Dendrobium signatum*） 原产越南、缅甸、泰国等地。多年生附生草本；茎丛生，直立，粗壮，稍扁圆柱形；叶革质，长圆形；总状花序生于具叶和无叶茎上，花1～4朵，花直径6～7 cm，蜡质，花瓣白色淡黄色，唇瓣倒卵状矩圆形，先端圆形，唇瓣基部有1黄色、淡黄色或近黑色斑块；花期3—6月份。植株与石斛非常相像，但花朵非常素雅。

③ 扭瓣石斛（*Dendrobium tortile*） 原产越南、泰国等地。多年生草本；茎丛生，直立，稍扁圆柱形；叶革质，叶鞘基部有红色斑点；总状花序生于具叶和无叶茎上，花1～4朵，花直径6～7 cm，蜡质，花瓣白色、淡黄色或粉色，唇瓣卷曲成筒状，先端张开，略尖；唇瓣基部两侧有多条红色深红色条纹；花期3—6月份。植株与石斛十分相似。

④ 兜唇石斛（*Dendrobium aphyllum*） 原产中国、越南、缅甸、老挝、泰国等。多年生草本，茎倒垂，丛生，肉质，细圆柱形；叶革质，披针形，前端渐尖；总状花序互生于节间，常具1～3朵花，花具香气，花瓣粉红色，前端渐尖；唇瓣开展，白色，前端具流苏；花期3—4月份。

⑤ 铁皮石斛（*Dendrobium officinale*） 多年生附生草本，茎直立或倒垂，丛生，圆柱形，长9～35 cm，粗2～4 mm；叶纸质，长圆状披针形；叶鞘常有紫斑；总状花序从当年落了叶的茎上抽生出，花2～3朵，花淡绿色或淡黄色，花瓣长圆状披针形，先端锐尖；唇瓣卵状披针形，基部具1个胼胝体，唇瓣中部以上具1个紫红色斑，花有清香；花期3—6月份。

铁皮石斛是我国传统的名贵药材，在唐代医学典籍《道藏》中更是把铁皮石斛列为"中华九大仙草之首"，其花、茎、叶均可入药。

⑥ 喇叭唇石斛（*Dendrobium lituiflorum*） 多年生附生草本；茎下垂，丛生，圆柱形；叶纸质，狭长圆形；总状花序从落了叶的茎上抽生出，每节具1～2朵花，花淡紫色，膜质，花大，开展，花瓣狭长圆形；唇瓣宽倒卵形而呈现喇叭状，唇瓣中心与喉部有一深紫色斑块。花期4—5月份。

⑦ 黄贝壳石斛（*Dendrobium polyanthum*） 原产越南，多年生附生草本，丛生；茎直立或下垂，厚肉质，粗壮，圆柱形，通常长25～40 cm，掉叶后的茎干通常呈现红色；叶纸质，披针形或卵状披针形，花通常从落了叶的老茎上部的节上发出，花梗着生的茎节处凹下，每节着生1朵，花瓣粉红色或淡紫红色，狭长圆形；唇瓣宽倒卵形而呈现喇叭状，边缘具短柔毛，唇瓣中心具一明亮的黄色斑块，占唇瓣1/2以

上;花期在 3 月份。黄贝壳石斛植株与报春石斛极为相像,无花时不易区分。

⑧ 白贝壳石斛(*Dendrobium cretaceum*)　原产印度,多年生附生草本,丛生;茎直立或下垂,厚肉质,粗壮,圆柱形,通常长 15～25 cm;叶纸质,披针形或卵状披针形;花通常从落了叶的老茎上部的节上发出,花梗着生的茎节处凹下,花 1 朵,花白色,花瓣狭长圆形;唇瓣宽倒卵形而呈现喇叭状,边缘具短细齿,唇瓣基部有紫红色条纹;花期 5—6 月份。白贝壳石斛植株与报春石斛、黄贝壳石斛都极为相像,无花时不易区分。

(2)秋石斛　秋石斛是泛指石斛属中秋天开花品种。目前市场上常见的秋石斛均为杂交种,其亲本为蝴蝶石斛(*Dendrobium bigibbum*)或羚羊石斛(*Dendrobium antennatum*),其后代大多承接了亲本的特点,呈现出缤纷的蝴蝶状或一只只小羚羊状。

秋石斛也同样为附生兰,青翠的叶片互生于芦苇状的假鳞茎两侧,持续数年不脱落,在秋天可见花序从假鳞茎顶部节上抽出,有花几朵至十几朵,鲜艳夺目,开花时间长达 2 个月,具有秉性刚强、祥和可亲的气质,因此又有"父亲节之花"的称呼。

秋石斛性喜高温、湿润、阳光充足的环境。无论是蝴蝶兰形或羚角形的秋石斛,它们的假球茎均呈圆筒形,丛生,高可达 60～70 cm,呈肉质实心,基部由灰、褐色叶鞘包被,其上茎节明显,上部的茎节处着生数对船形叶片,叶长 10～18 cm。花茎则由顶部叶腋抽山,长可 60 cm,每支花序可着花 4～18 朵或更多,花色繁多。花朵直径一般为 5～7 cm,生长在最外面的 3 枚是萼片,上萼片叶椭圆形,先端钝;下萼片 2 枚,较宽或与上萼片同,先端常有尖突,最有趣的乃是它的基部,常向后延伸而形成一个像人类下巴的形状,在兰科术语上称之为"颏"。秋石斛的唇瓣为花中最大的部分,呈阔卵圆形,先端圆钝,有时亦有微凹的情况;唇瓣则为全缘,有不明显三裂,基部卷曲以保护蕊柱,先端则略作扩展状,花期多为每年的7—12 月份。

2. 栽培方式

石斛可选择盆栽、附生栽培等栽培方式。基质的选择是栽培石斛兰成败的关键,宜选择透气透水的材料。栽培基质对石斛兰不仅起到支持的作用,而且可以给石斛兰提供生长发育所适宜的条件及营养成分,固体栽培基质的理化性质对于生长在其中的石斛兰具有很大影响。栽培基质是为石斛兰提供稳定协调的水、气、肥结构的生长介质,除了支持、固定植株外,更重要的是起"中转站"的作用,使得来自营养液的成分及水分得以中转,植物根系从中按需选择吸收。不同特性的基质会影响石斛兰的生长以及水分与施肥管理。影响石斛兰生长的主要物理因子有基质的吸水性、排水性、再吸湿力及其表面水分散失特性等。

兰石、树皮的透气性佳，但持水性差，容易造成植株干旱，造成基质 N 元素缺乏；水苔的透气性良好，持水性强，但容易烂根；珍珠岩加泥炭土透气性佳、持水性良好；椰壳透气性佳，但持水性差。因此，比较以上基质的特性，使用水苔和珍珠岩加泥炭土栽培石斛兰较适宜。

3. 栽培方法

(1)光照要求　石斛是一类喜光的植物，大多数石斛可耐一定的阳光直射，特别是春秋两季的直射阳光，有利于石斛的良好生长。在夏季正午时分，我们要对石斛进行一定的遮光，只要满足石斛不被太阳直晒，但又有明亮的光线即可，就如同我们站在斑驳的树荫下面的感觉就好。

(2)水分要求　石斛的水分供给对石斛的生长来说非常关键，应视基质的湿润程度来给水。春季是石斛的生长季节，温度高于 15℃时可隔天淋水一次；夏季气温较高，水分蒸发量较大，可在早晚浇水各 1 次；秋季天气比较干燥，可在晚上浇水 1 次；冬季气温偏低，浇水的次数要减少，需等基质干透后才能浇水，当气温低于 15℃时停止浇水。

(3)肥料要求　石斛兰在栽培过程中要薄肥勤施，以无机肥料为主，切忌使用有机肥。一般可以用缓释肥作为常备的肥料，撒于基质表面即可。在生长的春夏秋季节还会用叶面肥对石斛兰进行追肥，春夏每隔一周施用 1 000 倍液的尿素作为快速生长的补给肥料；秋季为了促进来年开花则改施 1 000 倍液的磷酸二氢钾，每隔 1 周 1 次；冬季停止供肥。

4. 繁殖方法

(1)有性繁殖　石斛兰的种子细小，无胚乳，黄色，成熟时呈粉末状，数量庞大，每个蒴果约有几万到十几万粒种子，通过风及水流等进行传播。石斛的种子无胚乳，处于原胚的阶段，在自然条件下需要与真菌共生才能够萌发，对萌发条件要求相对严格，因此石斛兰种子在自然条件下的萌发率极低。

种子萌发时先长出细小的原球茎，原球茎分化出根和假鳞茎，在自然界从种子播种到开花至少需要 3 年。

(2)无性繁殖　石斛兰的无性繁殖有两种方式。第一种是从假鳞茎基部处萌发出分蘖芽，每根假鳞茎基部有 2～3 个隐芽。每年 3—4 月份，气温高于 20℃时，新芽从上一年芽基部处萌发，在野外一般 1 个假鳞茎萌发 1 个新芽，在肥水充足的年份,有时会萌发出2新芽。第二种是从假鳞茎节间处萌发出高位芽进行繁殖。

5. 病虫害发生特点及防治方法

(1)病害

① 软腐病　软腐病是石斛兰的主要病害之一。在高温、高湿、通风不良的环境中,石斛兰容易发生软腐病,发病部位多为新芽、植株基部等。

新芽发病多从顶端开始向下蔓延。初期,新芽顶端叶片出现水渍状坏死,同时伴有特殊的酸臭味。随后,病菌随着水流向下迅速侵染,假鳞茎呈黄色软腐状,带有褐色的水流出。若不及时切去感染部位,病害可侵染整棵植株,导致植株死亡。

植株基部发病初期不易察觉,此时根系开始坏死,水分及养分吸收受阻,植株上部叶片掉落,基部芽点坏死,无新芽萌出,病菌沿着维管束组织向上蔓延直至感染整棵植株,导致植株死亡。

新芽顶端积水和机械伤是造成石斛兰植株感染软腐病的主要原因。因此,在石斛兰的种植过程中,尽量避免新芽积水以及机械伤的产生。分株繁殖时要注意工具消毒、晾干伤口,并在伤口处涂抹代森锰锌可湿性粉剂。栽培过程中要注意保持通风,避雨栽培,并且定期喷施保护性杀菌剂防止病害的发生。如发现病株应及时处理,以免感染整株或其他健康植株。

② 日灼病　石斛兰在野外常附生于裸露的石壁或高大的树干上,生长过程中需要较强的光线,但若过长时间的阳光直射也会造成植株叶片的灼伤。日灼病多发于盛夏及初秋,发生日灼的叶片会出现浅黄色至灰白色的坏死斑块,后期坏死斑块部位表皮失水变薄略微下陷。日灼病属于生理性病害,只需在日照过强烈的正午及盛夏季节对植株进行稍微遮光处理即可。

(2)虫害

① 蚧壳虫　蚧壳虫属同翅目盾蚧科,刺吸式口器的害虫。石斛兰的假鳞茎含水量较高,易吸引蚧壳虫群集。蚧壳虫对植株伤害极大,容易造成植株失去养分、黄化,感染病害,导致植株死亡。蚧壳虫通常寄生在石斛兰植株的叶片背部、叶鞘里和假鳞茎上,尤其以叶背阴暗处和叶鞘里最多。夏季的高温高湿,通风不良极易造成蚧壳虫的产生和暴发。

当发现少量蚧壳虫时,可用毛刷将虫体刷去。当虫害大面积发生时需要采用药剂来防治。一般可喷施内吸性强和渗透性强的药剂,如乐果乳油、矿物乳油类杀虫剂等。

② 红蜘蛛　红蜘蛛属蛛形纲叶螨科,是常见的危害性较广的害虫。通常红蜘蛛多集中在石斛兰植株的叶背,导致叶片出现褪绿的麻点,严重时叶片变成灰绿色、纸质,焦枯脱落。高温低湿的环境易引起红蜘蛛的暴发。

提高环境湿度不仅有利于防止红蜘蛛的暴发,又可使石斛兰生长良好。当虫害发生时,可用阿维菌素等杀螨剂对虫害进行控制。

③ 蓟马　蓟马属缨翅目,是一种靠吸食植物汁液维生的昆虫,蓟马对石斛兰的危害主要在花朵上,被蓟马侵害的石斛兰花朵出现黑斑而脱落,影响商品的品质。蓟马的防治以物理防治为主,可利用蓟马趋蓝色的习性放置蓝色粘板,在石斛兰开花前挂置,能有效诱杀成虫。

三、蝴蝶兰属（*Phalaenopsis*）

蝴蝶兰是蝴蝶兰属的统称,原产于亚洲泰国、菲律宾、马来西亚、印度尼西亚,及中国台湾的热带、亚热带的雨林地区,为附生兰。素有"洋兰王后"之称,原生种有 70 余种,杂交种众多,是目前年宵花市场的主流花卉之一。

1. 生物学特征及物种信息

蝴蝶兰茎很短,常被叶鞘所包。叶片稍肉质,常 3～4 枚或更多,椭圆形,长圆形或镰刀状长圆形。花序侧生于茎的基部,长达 20～50 cm,花色彩丰富,有紫红色、黄色、白色、荧光紫色等,自然花期 4—6 月份。可经过人工调控,使得蝴蝶兰全年有花供应。

蝴蝶兰自 1750 年发现迄今已发表 70 多个原生种,大多数产于潮湿的亚洲地区,自然分布于缅甸、印度洋各岛、马来半岛、南洋群岛、菲律宾以至中国台湾等低纬度热带海岛。台东的武森永一带森林及绿岛所产的蝴蝶兰最著名。但由于森林砍伐与采集过度,资源明显减少。

蝴蝶兰中的白花蝴蝶兰(*Phal. amabilis*)和台湾蝴蝶兰(*Phal. aphrodie*)是现代蝴蝶兰产业的奠基石,大花类型的蝴蝶兰杂交品系均有这两个物种的贡献。

2. 栽培方式

蝴蝶兰属于附生性植物,可选择盆栽、附生栽培等栽培方式。栽培基质有水苔、兰石树皮,附生栽培可选择蛇木板、栓皮栎板等。

3. 栽培方法

① 温度要求　蝴蝶兰原产自热带雨林地区,因此在高温高湿的环境下生长最

适宜。生长期的温度不能低于 15℃，最好能将温度保持在 16～30℃。在秋末、冬春之交和冬季气温低时采取有效的增温措施，但是在冬季不能将植株直接与暖气接触或距离太近。夏季温度高于 32℃时，蝴蝶兰也会进入半休眠状态，需要进行适当的降温以免持续高温带来的不利影响。

蝴蝶兰还需要流动的新鲜空气来保证正常的生长，所以要确保培植环境有良好的通风。

② 湿度和水分要求　蝴蝶兰在通风湿润的、空气湿度保持在 60%～80% 的环境中才能够保持健康地生长。浇水要"见干见湿"，盆土表层干燥时再将水浇透，水温要接近于室温。若室内空气比较干燥，可采用向叶面喷雾的措施，让叶面保持潮湿即可，但在花期时不能将水喷到花朵上。

蝴蝶兰在新根的生长期需大量浇水，花后的休眠期应少量浇水。春、秋季在每天下午的 5 点左右浇一次水即可；在夏季生长旺期在每天上午 9 点与下午 5 点各需浇水一次；冬季植株需水极少，每隔一周浇一次水就可以，浇水时间选择上午 10 点前。有寒潮时要停止浇水，保持盆土干燥，寒潮后再继续正常地浇水。

③ 光照要求　蝴蝶兰适宜在半荫蔽的环境中生长，受散射光照射，不要被阳光直射。在花期时，适度光照会促进蝴蝶兰开花。

④ 养分要求　全年都应对蝴蝶兰进行施肥，只有出现长期低温天气时可停止施肥。施肥应选择在下午浇水过后进行，多次施肥后，还需用大量水进行洗盆或洗株，防止肥料残留的无机盐类对根部造成损害。冬季是蝴蝶兰花芽的分化期，停肥易使下次开花较少甚至无花。春夏两季是其生长期，每 7～10 d 施稀薄液肥一次，注意有花蕾时不能施肥，会导致花蕾掉落。在花期后可适当追施氮肥与钾肥。秋冬是花茎生长期，此期间施用稀薄的磷肥，每 2～3 周施一次即可。

4. 繁殖方法

蝴蝶兰属单轴型兰花，种苗繁殖主要采用组织培养、无菌播种繁殖和花梗催芽繁殖法等方法。

花梗催芽繁殖法通常用于少量繁殖或家庭繁殖，操作简单，但相对成苗率较低。当花凋落后，留 14 个节间，多余的花梗用剪刀剪去，然后将花梗上部 13 节的节间包片用利刃切除，用蘸有吲哚丁酸或生根粉的药棉均匀涂抹在裸露的节间，将处理过的兰株置于半阴处，温度保持在 25～28℃。2～3 周后即可见芽体出叶，3 个月左右可产生 3～4 叶带根的小植株，即可切下上盆栽植。

5. 病虫害发生特点及防治方法

注意防治软腐病、疫病及红蜘蛛、蚜虫等病虫害。其防治方法参考石斛兰病虫害防治。

6. 观赏特点

蝴蝶兰的学名按希腊文的原意为"好似蝴蝶般的兰花"。它能吸收空气中的养分而生存,归入气生兰范畴,可说是热带兰花中的一个大族。中国台湾地区原生种白花蝴蝶兰闻名世界。东南亚如菲律宾、印度尼西亚、马来西亚各地有五六十种原生种蝴蝶兰。蝴蝶兰色彩多样,从纯白、粉红、黄花着斑、线都有。育种家们利用各地搜取到珍贵的原种进行人工交配,改良出各种花色、花型,在花的尺寸上也有惊人的成就,当今达六寸的大白花,近五寸的粉红花,各种黄花红斑、红点、红线、纯黄、白花红心等色彩在各处兰花展都可看到。

四、兜兰属(*Paphiopedilum*)

兜兰在我国民间又称拖鞋兰、仙履兰,一直到近代才由学术界启用兜兰一名。兜兰为多年生常绿草本植物,是兰科中最原始的类群之一,是世界上栽培最早和最普及的洋兰之一。

1. 生物学特征及物种信息

兜兰是地生兰,并无假鳞茎。茎甚短,叶片大多基生,带形或长圆状披针形,绿色或带有红褐色斑纹。其株形娟秀,花形奇特,唇瓣呈口袋形;背萼极发达,有各种艳丽的花纹;两片侧萼合生在一起;花色丰富,花大色艳。

全世界约有 65 种,主要分布于亚洲热带地区至太平洋岛屿,在亚洲南部的印度、缅甸、印度尼西亚至西非几内亚等国的热带地区。中国兜兰属植物资源丰富,约有 18 种,主产于广西、云南、广东、贵州等省(自治区),大部分种类分布范围狭窄,生境特殊,具有一定区域性。

兜兰属分为两个亚属,即宽瓣亚属和兜兰亚属,宽瓣亚属的代表有原产于我国的杏黄兜兰(*Paph. armeniacum*)、硬叶兜兰(*Paph. micranthum*)、巨瓣兜兰(*Paph. bellatulum*)等;兜兰亚属的代表有原产于我国和东南亚地区的长瓣兜兰(*Paph. dianthum*)、飘带兜兰(*Paph. parishii*)、卷萼兜兰(*Paph. appletonianum*)、国王兜兰(*Paph. rothschildianum*)、皇后兜兰(*Paph. sanderianum*)等。

(1)杏黄兜兰(*Paph. armeniacum*) 杏黄兜兰为宽瓣亚属的代表,原产于我国云南省,是兜兰中目前已知唯一一种金黄色的种类,是黄色兜兰的育种亲本,属于国家一级保护植物。1979年由我国植物学家张敖罗初次采集,1982年经陈心启、刘方媛定名并发表。

叶全部基生;数枚至多枚,叶片带形、革质。花葶从叶丛中长出,花苞片卵状;子房顶端常收狭成喙状;花大而艳丽,有种种色泽;中萼直立,花粉粉质或带黏性,退化雄蕊扁平;柱头肥厚,下弯,柱头面有乳突,果实为蒴果。2—4月份开花。杏黄兜兰花大色雅,含苞时呈青绿色,初开为绿黄色,全开时为杏黄色,花期长达40～50 d。

杏黄兜兰一经发现,便在国际园艺界引起轰动,罕见的杏黄花色填补了兜兰中黄色花系的空白,具有较高的观赏价值,与硬叶兜兰一起合称"金童玉女",多次在世界级兰花展中获得金奖。曾经在国际兰花市场上每株售价高达8 000美元,以致滥挖滥采和走私出境猖獗。加上生态环境破坏、产地范围小、原生种群小等原因,杏黄兜兰已处于灭绝边缘,被列为国家一级保护植物物种,具有"兰花大熊猫"之称。2010年12月1日起被世界自然保护联盟濒危物种红色名录评估为全球范围内濒危(EN)。

(2)皇后兜兰(*Paph. sanderianum*) 皇后兜兰是兜兰亚属的代表,原产于印度尼西亚加里曼丹和马来西亚砂拉越州的山地丛林中。是兜兰属中比较罕见的种类,叶4～6枚,狭矩圆形,长30～45 cm,宽4.5～5.3 cm。叶绿色,革质。花葶从叶丛中长出,花葶长达60 cm,着花2～5朵,花朵直径约7 cm,红褐色。背萼白色饰以紫红脉纹,上萼片咖啡色。花瓣细长下垂、扭转,长30～60 cm,紫褐色;唇兜浅黄绿色带咖啡色斑块,兜状,花瓣较厚,春夏季开花。

皇后兜兰以其可长达1 m的侧瓣而闻名,犹如小姑娘长长的辫子,极为珍贵。国际上目前以皇后兜兰作为育种亲本,选育了多个优秀的后代,如皇后兜兰和国王兜兰杂交的后代 *Paph.* 'Prince Edward of York';皇后兜兰和菲律宾兜兰(*Paph. philippinense*)杂交的后代 *Paph.* 'Michael Koopowitz'都表现相当优秀。我国的台湾地区目前是世界上兜兰育种技术最高的地区。

2. 栽培方式

兜兰一般以盆栽为宜,可以选用的栽培基质有兰石和树皮＝1∶1的配比,或用腐叶土2份、泥炭或腐熟的粗锯末一份配制培养土。上盆时,盆底要先垫一层木炭或碎砖瓦颗粒,垫层的厚度掌握在盆深的1/3左右。这样可保持良好的透气性,又有较好的吸水、排水能力,可满足植株根系生长的要求。

3. 栽培方法

(1)光照要求　兜兰属阴性植物,栽培时,需有配套的遮阴设施。生长过程中,不同生长期对光线的要求不完全一样。因此,管理上比较复杂。早春以半阴最好,盛夏早晚见光,中午前后遮阴,冬季需充足阳光,而雨雪天还需增加人工光照。春秋季的遮光率为 50%,夏季遮光率要达到 60%～70%,并要防止曝晒。

(2)温度和水分要求　兜兰对水分和温度的变化适应性较差,要求有充足的水分供应和较高的环境湿度。生长期要经常保持盆土湿润,在盆土七成干时就应浇透水。在天气干燥和炎热的夏季,要经常向植株及周围喷水,以降温增湿。梅雨、秋雨季节要适当控水,注意通风,以调节温度和湿度。注意叶片不能积水时间太长,否则会造成烂叶。同时,较高的空气湿度易引起真菌病害。因此,应特别注意生长环境空气调节。空气干燥,叶片易变黄皱缩,枯萎脱落,直接影响开花。兜兰没有假鳞茎,抗干旱能力较差。

原产于东南亚地区的兜兰在华南地区栽培,冬季需要进行保温处理,以免冬季低温冻伤植株。

(3)施肥要求　在生长期的 3—6 月份和 9—11 月份要定期施肥,通常半个月一次,一般采用叶面肥或缓释肥,叶面肥浓度控制在 1% 左右。施肥后,叶片呈现嫩绿色,可继续施肥。如叶片变黄,表明根部生长不佳,应停止施肥,否则会发生烂根现象。施肥后要及时用清水喷淋叶面。

4. 繁殖方法

(1)有性繁殖　兜兰因种子十分细小,且胚发育不完全,常规方法播种发芽比较困难。只能于试管中用培养基在无菌条件下进行胚的培养,发芽后在试管中经 2～3 次分苗、移植,当幼苗长至 3 cm 高时,可移出试管,栽植在盆中。从播种至开花需 4～5 年。

(2)分株繁殖　有 5～6 个以上叶丛的兜兰都可以分株,盆栽每 2～3 年可分株 1 次。分株在花后短暂的休眠期进行。长江流域地区以 4—5 月份最好,可结合换盆进行。将母株从盆内倒出,轻轻将根部附着的培养土去掉,注意不要损伤嫩根和新芽,再用两手各执欲分植株拉开,或用刀将连接处切断,每株丛不要少于 3 株,然后分别栽种,选用 2～3 株苗上盆,盆土用肥沃的腐叶土,pH 在 6.0～6.5,盆栽后放阴湿的场所,以利根部恢复。

5. 病虫害发生特点及防治方法

兜兰在室内过冬时应放在通风处,不然会出现蚧壳虫危害。一旦发现虫害,可人工以软刷轻轻刷除,再用清水冲洗干净,然后用乐果、敌百虫、速扑杀等药剂防治。

6. 观赏特点

兜兰很适合于盆栽观赏,是极好的高档室内盆栽观花植物。其花期长,每朵开放时间,短的 3～4 周,长的 5～8 周,如是一杆多花的品种则开花时间更长。有耸立在两个花瓣上、呈拖鞋形的大唇,还有一个背生的萼片,颜色从黄、绿、褐到紫都有,而且常有脉络或带条纹。兜兰在兰花中与众不同,是花展中最引人注目的花卉。兜兰不少种类可整年开花,是室内培育的最佳品种之一。兜兰因品种不同,开放的季节也不同,多数种类冬春时候开花,也有夏秋开花的品种,因而如果栽培得当,一年四季均可赏花。

知识拓展

中国植物图像库 http://ppbc.iplant.cn/

 模块二　食虫植物

食虫植物是一类通过诱捕昆虫及其他小型动物,消化其残体作为营养来源的植物。这类型植物大多生长于土壤贫瘠,养分缺乏特别是缺少氮肥的地区,例如植被稀少的高山地区、酸性的沼泽地区及石漠化地区等,为了获取更多的养分以供给自身生长发育,食虫植物叶片结构发生改变,特化出能捕食小型动物的器官。

食虫植物根据其诱捕昆虫等小型动物的方式可分为黏着捕食型、机关捕食型、陷阱捕食型、吸附捕食型以及迷宫捕食型。

黏着捕食型食虫植物是利用其叶片表面具有强黏附力的腺毛,捕捉接触到其叶片的昆虫。当昆虫接触到叶片表面的腺毛时,腺毛因昆虫的触动产生趋向作用,叶片随之一侧或全叶弯曲将昆虫困住,之后腺毛分泌消化液将猎物分解吸收。代表的植物有茅膏菜、捕虫堇等。

机关捕食型是一类叶片上具有“感应器”的食虫植物,当昆虫触碰到“感应器”后,捕食功能的叶片发生闭合,捕捉昆虫。代表植物是捕蝇草。

陷阱捕食型是利用特化成瓶子状的捕虫叶来进行捕食的一类食虫植物,这类植物在瓶状叶的上方具有引诱昆虫等小型生物的“瓶盖”,瓶壁上分泌有蜜露,昆虫等在舔食蜜露时滑入瓶中,掉入"陷阱"。代表植物有猪笼草、瓶子草等。

吸附捕食型是以捕捉水生小型生物为主的一类食虫植物,其捕食器官,也称捕虫囊生长在水下,平时保持负压状态,当小型水生生物触碰到捕虫囊的机关时,囊口张开将小生物吸入囊内,囊口关闭,完成捕食。代表植物有狸藻科的大部分植物。

迷宫捕食型是叶器特化成"Y"字形捕虫器,捕虫器内有螺旋状的入口,线虫等小型生物进入后沿着捕虫器入口钻入,迷失在捕虫器的"迷宫"中,被植物消化吸收。代表植物有狸藻科的螺旋狸藻属(*Genlisea*)。

一、茅膏菜科（Droseraceae）

本科为我国三个食虫植物科之一,全科都是食虫植物,有茅膏菜属(*Drosera*)、捕蝇草属(*Dionaea*)和貉藻属(*Aldrovanda*)三个大属。大部分为多年生草本植物,少部分为一年生草本植物,广布世界各地,其中以茅膏菜属品种最多,我国有茅膏菜属和貉藻属的分布。

（一）茅膏菜属（*Drosera*）

茅膏菜是一个大属,全属共有约 250 个原生品种,其中有 80 种左右为自然环境中产生的亚种、变种或者变型。多生于沼泽、湿地或山坡旷地,世界大部分地区都有分布,以澳大利亚的品种最多。

1. 生物学特征

为多年生或一年生草本植物,多数植株矮小,高 1～15 cm,少数种类植株可达 1 m 左右。植株莲座状或单叶互生,叶片匙形、线形、卵圆形等;体表呈多种颜色,叶面密被结构复杂、内有维管束与植物体相通的头状黏腺毛,可分泌透明的黏液,当昆虫等小型生物停落叶面时,即被黏液粘住,并被卷曲的叶片困住。同时,昆虫等被腺毛分泌的蛋白质分解酶所分解,可溶性含氮物质被植物体吸收作养料,完成消化过程后,叶又恢复原状。部分茅膏菜属植物在我国是民间传统药材,如锦地罗(*Drosera burmanni*)、圆叶茅膏菜(*Drosera rotundifolia*)等。

茅膏菜属按其形态特征及生长习性特征可划分为 6 大类群:雨林型茅膏菜、热带型茅膏菜、亚热带型茅膏菜、中温型茅膏菜、球根型茅膏菜和矮小型茅膏菜。

2. 物种信息(原产地信息)

① 雨林型茅膏菜　主要包含:阿帝露茅膏菜(*D. adelae*)、负子茅膏菜

（D. prolifera）、叉蕊茅膏菜（D. schizandra）等。

这类型茅膏菜主要原产于澳大利亚昆士兰坎恩斯附近山区，生长于溪谷的岩壁上或是林下落叶堆积的地方。此地区夏季降雨量大，冬季虽然不降雨，但湿度依然很高。

②　热带型茅膏菜　主要包含：变叶茅膏菜（D. caduca）、大肉饼茅膏菜（D. falconeri）、红孔雀茅膏菜（D. paradoxa）、南美宽叶茅膏菜（D. sessilifolia）、长叶茅膏菜（D. indica）、马达加斯加茅膏菜（D. madagascariensis）等。

此类型茅膏菜基本原产于靠近赤道的热带地区，如原产于新几内亚南部及澳大利亚的北领地北部的荒野等地，称为北领地茅膏菜类群；以及一些原产于非洲热带地区。其生境特殊，夏季白天温度高达45℃，夜里温度降至28℃；冬季最低气温维持在15℃以上。由于特殊的生长环境，该产地的茅膏菜可接受阳光的直晒。

③　亚热带型茅膏菜　主要包含：叉叶茅膏菜（D. binata）、汉密尔顿茅膏菜（D. hamiltonii）、好望角茅膏菜（D. capensis）等，我国原产的锦地罗（D. burmanni）、长叶茅膏菜（D. indica）、匙叶茅膏菜（D. spathulata）、圆叶茅膏菜（D. rotundifolia）等几种茅膏菜也属于此类型。

全球分布的茅膏菜中，亚热带型茅膏菜的生长环境相对是最多样化的。分为两种类型：一种是以我国原产的茅膏菜生长类型为代表的种类，在温暖、湿热的春、夏、秋三季生长，冬季低温时则呈休眠或半休眠状态；另一种是以好望角茅膏菜（D. capensis）等为代表的地中海气候类型茅膏菜，即在冬季降雨期生长，然后夏季高温干旱季节休眠。

④　中温型茅膏菜　主要包含：帝王茅膏菜（D. regia）、长柄茅膏菜（D. intermedia）、线叶茅膏菜（D. linearis）等。

中温型茅膏菜主要分布于高纬度地区，受到生长环境的影响，种类并不是很多，其中的英国茅膏菜（D. anglica）和圆叶茅膏菜（D. rotundifolia）分布较广，其余的狭窄分布在北美洲、大西洋两岸及南半球的寒温带等。

这类型茅膏菜能够耐受比较低的温度，0℃左右的低温也能安全度过，春天回暖后会迅速生长，不耐夏季的高温。

⑤　球根型茅膏菜　可分为旱地种植类型和湿地种植类型两大类，代表种有：

旱地种植类型：球状茅膏菜（D. bulbosa）、莲座型茅膏菜（D. rosulata）、硫黄茅膏菜（D. sulphurea）、匍匐茅膏菜（D. stolonifera）、大花茅膏菜（D. macrantha）等。

湿地种植类型:异叶茅膏菜(*D. heterophylla*)、球根茅膏菜(*D. peltata*)、耳叶茅膏菜(*D. auriculata*)、巨大茅膏菜(*D. gigantea*)。

大部分的球根型茅膏菜都是地中海气候型植物,在干旱炎热的夏季以球根的形式休眠度夏,潮湿多雨的冬季生长。我国目前已知仅有光萼茅膏菜(*D. peltata*)一种分布。

⑥ 矮小型茅膏菜　主要包含:侏儒茅膏菜(*D. pygmaea*)、迷你茅膏菜(*D. miniata*)、美丽茅膏菜(*D. pulchella*)、闪亮茅膏菜(*D. nitidula*)等。主要分布于澳大利亚西南地区,少量分布至新西兰等地。体积较小,通常都只有硬币大小。

在生态环境上可以分成两大类:一类是潮湿湿地型,主要生长在海边平原或是湖泊四周的湿地,例如闪亮茅膏菜等;另一类是地中海气候型,主要生长在内陆干燥的硬叶树林中,或是灌木丛的沙石地,例如迷你茅膏菜等。

3. 栽培方式

栽培茅膏菜多采用盆栽,以塑料盆和素烧盆为主,一般使用的栽培基质有:水苔、无肥泥炭、低盐椰壳粒、珍珠岩等。

4. 栽培方法

(1)雨林型茅膏菜　这类型茅膏菜由于多长在海拔 1 000 m 左右的溪谷岩壁苔藓上或是落叶堆积的树林下,因此不耐太阳的直射或昼夜温差较大,白天温度最好不高于 28℃,夜晚温度可降至 15~20℃。在栽培管理上需要提供更高的空气湿度,若是空气湿度不够,植株很可能会脱水甚至死亡。栽培基质要求具有良好的排水性,一般可以采用纯水苔进行栽培。

(2)热带型茅膏菜　北领地茅膏菜在种植上喜强光、高温,在保证空气湿度在40%以上的情况下,夏季可以无须遮阳,直接暴晒,最高可抵御 45℃的高温。大部分的北领地茅膏菜冬季需保持 15℃以上的温度,以免受到冻害,除了孔雀茅膏菜可抵御 5℃的低温。冬季北领地茅膏菜进入休眠状态,此时应减少浇水,维持较干的状态,直到来年春季来临后再正常供水。

由于北领地茅膏菜家族分布在干旱和降雨变化剧烈的区域,因此这个类群都具有相当发达的根系,可深入较深的土层吸收水分。因此,栽培此类群需要用深盆种植为好,基质以泥炭和河沙的搭配为宜,在盆底垫储水盘,维持水位在 5 cm 左右深即可。

(3)亚热带型茅膏菜　在华南地区栽培亚热带型茅膏菜,其适应能力极强,种植起来基本都比较容易。其生长期在春天至秋天的温暖潮湿的时期,冬季寒冷时期植株进入休眠或半休眠状态。其要求的环境湿度为 60%~80%,夏季日照强烈时要避开正午烈日直晒,选择在避风、光线明亮的地方栽培。

对于产自地中海气候类型的亚热带型茅膏菜,在夏季高温干旱时植株会进入休眠状态,此时应严格控制浇水,待秋冬季节气温下降,气候相对凉快时再行正常浇水、护理。

(4)中温型茅膏菜　此类茅膏菜种类不多,大部分种类都非常怕热,夏季栽培需要有效果较好的降温设备才能安全度夏。目前进入园艺市场的品种不多,只有丝叶茅膏菜($D. filiformis$)和长柄茅膏菜($D. intermedia$)及其杂交种被爱好者种植。

(5)球根型茅膏菜　种植球根型茅膏菜宜用相对大规格的盆,因其地下横茎需要有较大的空间进行发育,有利于获得更多的子球。基质一般宜选用泥炭和细沙混合基质,混合比例为 1∶3。旱地种和湿地种在植株休眠期的管理上所用的方式不同。

旱地种进入夏季休眠后栽培基质应完全断水、干旱,盆栽应移至避光、避雨的地方放置。湿地种在进入休眠期后,应保持基质潮湿但又可以透气的状态进行休眠,过湿容易使球根腐烂,过干球根缺水导致死亡。

种植时球根不宜埋入基质太深,覆土 1~2 cm 即可,每年球根型茅膏菜都会新生球根。

(6)矮小型茅膏菜　矮小型茅膏菜生长于地中海气候类型地区,夏季休眠,秋冬季节生长。由于生长的环境,使得矮小型茅膏菜的根系比较发达,可深入较深的土层吸收水分,因此栽培须选用 20 cm 以上深度的盆为宜。栽培基质一般可使用泥炭和珍珠岩或细沙以 2∶1 的比例混合,也可使用纯水苔或纯泥炭进行栽培。

矮小型茅膏菜栽培的空气湿度应保持在 50% 以上,较高的湿度能使其腺毛分泌的“露珠”更大,观赏性更佳。生长适宜温度为 15~25℃,在 0℃ 的低温下也可以安全越冬,当气温高于 30℃ 时植株大多数进入休眠状态。

大多数矮小型茅膏菜喜欢光照,充足的光照可使植株颜色鲜艳,但不耐夏季强烈的日光直射,因此在夏季需防止其因直晒造成的晒伤。

5. 繁殖方法

(1)扦插繁殖　绝大多数的茅膏菜品种都可以进行叶片扦插繁殖,也可以选用较粗壮的茎秆进行扦插繁殖。在生长季节,将茅膏菜的整片叶片剪切下来后,将叶片平放或者是斜插在基质中,保持基质的湿润和充足的光照。约 1 个月后,扦插的叶片就可生根。

（2）播种繁殖 茅膏菜的种子非常细小,种子发芽需要见光。因此在播种前应配制好发芽基质,一般可选用泥炭或水苔作为播种基质。将种子撒播在基质上后,无须覆盖,将其放置在光照充足、温度适宜、湿度较大的环境中。一个月左右即可发芽,中温带地区的茅膏菜品种,则需要进行低温刺激打破休眠来帮助种子发芽。

（3）冬芽繁殖 在冬季低温刺激的情况下,部分茅膏菜品种在莲座状叶的中心会长出许多的珠芽,俗称冬芽。珠芽成熟后会脱落,这时可采收播种,因珠芽不耐保存,须即采即播。播种后同样要保持光照充足、湿度高的环境,播种下的珠芽一般需要两周左右的时间就可以出芽,是一种非常快捷的繁殖方式。

6. 病虫害发生特点及防治方法

茅膏菜在野外虫害发生相对较少,在栽培中主要为大型的鳞翅目类害虫危害。因目前的农药对茅膏菜叶片上的腺毛有影响,因此以人工手工杀灭比较好。

7. 观赏特点

茅膏菜品种较多,叶片上长有腺毛,就像是挂满了露珠,植株晶莹剔透,小巧迷人,所以受到很多年轻人的喜爱。除了作为盆栽栽培外,茅膏菜还可以作目前较为时兴的雨林缸植物素材来使用,给枯燥的室内环境增添绿色的生机。

（二）捕蝇草（*Dionaea muscipula*）

捕蝇草是名气最大的食虫植物之一,原产于北美洲,单属单种,多年生草本植物。茎短,叶片变态成酷似"贝壳"的捕虫夹,且能分泌蜜汁,当有小虫闯入,触碰机关后,捕虫夹能以极快的速度合并,将昆虫夹住,并消化吸收。

1. 生物学特征

捕蝇草植株呈莲座状,叶片基部轮生。叶柄形似叶片,叶片特化成"捕虫夹",其内侧通常会呈现出橘红色、红色到暗红色,充足的日照会促进色素的产生,正面分布无柄腺,一般是红色或者橙色,这是分泌消化液来分解昆虫或者吸收昆虫的养分的部位。"捕虫夹"叶缘长有齿状的刺毛,形如"睫毛",以防止昆虫挣脱。花期为初夏到盛夏,花白色。

2. 物种信息（原产地信息）

目前已知捕蝇草只分布于美国的南卡罗来纳州及北卡罗来纳州之间靠近大西洋的沼泽地中,土地贫瘠。属亚热带气候区,而且夏季潮湿炎热,冬季干燥寒冷,最低气温接近 0℃,昼夜温差大。

3. 栽培方式

栽培捕蝇草一般多采用盆栽,栽培容器主要为塑料盆和素烧盆,一般使用的栽培基质有:水苔、无肥泥炭、低盐椰壳粒、珍珠岩等。

由于生长在沼泽地区,捕蝇草喜保水性好、呈现微酸性的栽培基质。一般较常使用的基质为水苔和泥炭,若泥炭的规格较细,为了排水通畅、不积水,可以在泥炭土中加入少量的珍珠石或是颗粒土,以增加透气和排水性。

4. 栽培方法

(1)温度要求 捕蝇草原生地属于典型的亚热带气候,夏季潮湿炎热,冬季干旱少雨,生长适温为生长 21～35℃,在 15～20℃,也能正常生长,低于 15℃植株进入半休眠状态,低于 5℃植株进入休眠状态。进入半休眠状态的捕蝇草需控制浇水,即保持基质微湿即可,进入休眠状态的捕蝇草应及时的断水,以保证植株的安全越冬。

(2)湿度及水分要求 捕蝇草的原生环境属于沼泽型的草原,湿度相对较高,因此在生长季节要求空气湿度大于 50%。

捕蝇草喜软水,因此在华南地区栽培捕蝇草可使用自来水、纯净水或雨水等软水进行浇灌。

(3)光照要求 在原生沼泽环境下,捕蝇草没有高大植物遮阳,因此捕蝇草是喜光植物。在春、秋、冬三季可全日照,夏季由于阳光猛烈,因此可对捕蝇草进行遮光 50%,以防止植株晒伤。

(4)养分要求 捕蝇草的根系极不耐盐,不可直接将肥料施入基质,否则会造成植株的死亡,可以以低浓度叶面肥的形式施肥,一般浓度为 3 000～5 000 倍液。

作为食虫植物,捕蝇草是可以通过捕食小型昆虫来获取养分来源的,但"捕虫夹"有使用的寿命,一般捕食次数为 2～3 次。

5. 繁殖方法

(1)有性繁殖 捕蝇草可通过种子进行繁殖。由于种子不耐储,应尽量在采收后及早播种。

(2)无性繁殖 叶插繁殖法是捕蝇草常用的繁殖方式,即将一段叶柄扦插到基质中,长出新植株方法。在春末到夏初,捕蝇草生长期,将捕蝇草叶柄及变态叶由基部掰下,并将其置于水苔、泥炭等栽培基质中保湿,并放置在具有明亮光照处,2～4 周即可生根,新芽形成的过程比较慢,需要 1 个月至数月不等。

除了叶插繁殖,捕蝇草的无性繁殖还有分株繁殖法和花芽繁殖法。花芽繁殖是指花芽抽生过程中,由于昼夜温差较大的情况下,花芽停止分化转化成新的植株,可将其剪下重新种植。

6. 病虫害发生特点及防治方法

捕蝇草是一种食虫植物,可捕食小型昆虫,对于大型的昆虫由于其植株大小有限,因此无法捕食。一些较大的昆虫,如金龟子等,会啃食其幼茎或嫩叶。

7. 观赏特点

捕蝇草在自然界属于单属单种物种,近年来在人工栽培下,反复进行授粉选育,出现了不少的变异个体。如捕虫叶呈杯子状的杯夹捕蝇草;"夹子"最大的捕蝇草 B52 捕蝇草等。

二、猪笼草科(Nepenthaceae)

猪笼草是猪笼草科猪笼草属全体物种的总称,共有原生种 170 余种,我国产 1 种。属于热带食虫植物,从我国的东南、华南地区到中南半岛至澳大利亚昆士兰地区均有分布,绝大部分种类的主要分布区域为苏门答腊、马来半岛、加里曼丹岛、苏拉威西以及棉兰老岛等地。

猪笼草属(*Nepenthes*)

1. 生物学特征

猪笼草因其拥有形状像猪笼的捕虫笼而得名,捕虫笼也称捕虫瓶,呈圆筒形,下半部稍膨大,瓶口上具有盖子能分泌香味,瓶口光滑,昆虫从瓶边滑入瓶中或在吸取盖子上的蜜露时掉入瓶中,被瓶底分泌的液体淹死,并分解消化吸收。猪笼草的捕虫瓶属于变态叶,猪笼草叶的构造复杂,分叶柄、叶身和卷须。卷须尾部扩大并反卷形成瓶状,即捕虫瓶。猪笼草雌雄异株,野外雄株的数量要高于雌株。总状花序,开绿色或紫色小花。猪笼草不同的瓶子特征是区分猪笼草种类的主要依据。

2. 物种信息(原产地信息)

原生种猪笼草有 2/3 都生长在赤道附近的热带云雾林中,分布的高度很广,从海平面到海拔 3 000 m 以上的高山都有。

在园艺上,依据其原产地的海拔高度分布分成两大类:高地种猪笼草和低地种猪笼草。生长在海拔 1 200 m 以上的属于是高地种,日温为 20~25℃,夜间温度为 10~15℃;生长在海拔 0~1 200 m 地区的猪笼草称为低地种,日温为 28~32℃,夜间温度为 20~23℃。季节的变化对猪笼草来说却并不重要,昼夜温差对于高地种猪笼草的生长很有帮助。

3. 栽培方式

猪笼草的根系并不是很发达,因此要求栽培基质具有良好的透气性,一般可以用水苔、泥炭等。选择盆栽容器时需要注意,盆的体积不能过大,盆土不能过深。

4. 栽培方法

(1)温度要求　不同品种的猪笼草对温度的要求是不一样的,根据其生长的海拔高度来进行分类。

① 低地猪笼草　低地猪笼草属于窄温型植物,对昼夜温差也没有严格的要求。由于生长在热带地区,大部分低地猪笼草十分的不耐寒,温度低于15℃后生长会减缓或停滞,当温度低于10℃后植株会有被冻伤甚至死亡的危险。猪笼草不像其他的食虫植物,可以通过休眠来进行越冬。因此,在华南地区栽培,进入冬季要注意控水,较寒冷的时候应有必要的加温措施。

② 高地猪笼草　高地猪笼草对温度的要求比较严格,温差的控制是栽培成功的关键。在华南地区栽培,若无人工控制制造出昼夜温差,则猪笼草不仅生长缓慢,还有可能会出现死亡的现象。

(2)光照要求　光照对于猪笼草来说是非常重要的,由于生长在高山植被稀少的地区,猪笼草要求生长过程需要有良好的光照,良好的光照是养出巨大且鲜艳的捕虫瓶最重要的因素之一。但是若全日照会使植株生长受到影响,植株的颜色变得暗淡。

因此,猪笼草植株在早晨可接受阳光直射,正午及午后需要对其进行遮光处理,遮光率在50%～80%,否则强烈的日光可灼伤猪笼草叶片、瓶子等,最后整株植物都受到损伤。

除此以外,日照时间的长短也影响植株吸收光能的多少。大部分的猪笼草可以忍受缺光的环境,但它的生长速度会因此而受到限制,同时也需要减少浇水的量。当猪笼草得到了足够的光照时,会在其笼子的大小和颜色上有所反映。猪笼草受到光照不足的困扰时,有条件的话可以给它提供几个小时的人工补光,有益于其生长。

(3)水分要求　猪笼草的根系不发达,因此对栽培基质的水分含量要求并不高,过度湿润会导致植株因无氧呼吸而使植株受到伤害。猪笼草对于栽培用的水质要求相对宽松,一般用相对纯净的水来进行浇灌,以免盐分的积累对猪笼草的生长不利。

（4）湿度要求　由于根部吸收水分的能力有限，因此猪笼草要求栽培环境的空气湿度要维持比较高的状态，湿度的高低是影响猪笼草是否能够正常生长、正常结瓶的关键。有些品种甚至要求 90% 以上的近饱和的湿度状态。在通常情况下，栽培的湿度至少要保持在 60% 以上。

（5）养分要求　猪笼草的生长需要有足够的养分，一般情况下，可通过捕捉昆虫或小型动物来获得自身生长发育的养分。栽培条件好的猪笼草会长出捕虫瓶来捕食昆虫，无须施肥。但幼年植株，或生长幼小的植株，由于捕虫瓶太小或是没有捕虫瓶，捕捉昆虫等小型生物的机会不多，因此可施以薄肥以促进其快速生长。猪笼草不耐高浓度的肥料，为了安全起见，应以薄肥多施的方式进行。可以每周用 4 000～6 000 倍液的叶面肥喷洒在叶面上，或使用缓效肥。

5. 繁殖方法

猪笼草的繁殖方法包括有性繁殖和无性繁殖两种类型。目前常用的繁殖方法是无性繁殖。

（1）扦插繁殖　这是猪笼草主要的繁殖方式，切下来的枝条一定要带有芽点，切口一定要平整，一般 1 个插穗要保留 2～3 个芽点，留 1～2 片叶子，插穗直接扦插在水苔或泥炭中，最后将扦插的插穗放置在高湿度的环境下。

扦插的枝条需要明亮的光线，但不是太阳直射，以免过热影响生长。长出新根和新芽需要几个月的时间。

（2）空中压条繁殖　有些品种的猪笼草扦插的成功率较低，因此可以用空中压条来繁殖。一般需要 2～4 个月才会有根长出来，待根长出后，便可将这一枝条自母株上切下单独栽培。

6. 病虫害发生特点及防治方法

猪笼草是热带植物，在华南地区栽培，冬天除了原产于我国的猪笼草外，其余种类容易发生冻伤，因此冬季需保温。

夏秋季，猪笼草容易遭受蓟马的危害，表现为嫩芽出现红点，红点随叶片的生长而逐步扩大，叶片卷曲僵化，严重的时候可导致新芽死亡。防止蓟马可用物理诱杀法，针对蓟马趋蓝色的习性，可悬挂蓝色诱虫板来进行诱杀。

7. 观赏特点

猪笼草与兰花、杜鹃等并列为最具异域风情的植物。不同的种类瓶子的形态各异，瓶子是猪笼草的主要观赏部位。

种植难度较低的低地猪笼草有印度猪笼草（*N. khasiana*）、高棉猪笼草（*N.*

thorelii）、奇异猪笼草（*N. mirabilis*）等，高地猪笼草有宝特猪笼草（*N. truncata*）、翼状猪笼草（*N. alata*）、维奇猪笼草（*N. veitchii*）等。

三、瓶子草科（Sarraceniaceae）

瓶子草是食虫植物瓶子草科三个属所有种类的总称。其中瓶子草属和眼镜蛇瓶子草属均产于美国以北的地区，太阳瓶子草属仅分布于南美洲巴西 2 000 m 以上高原地区。瓶子草因其捕捉昆虫的生理结构类似瓶子而得名。

（一）瓶子草属（*Sarracenia*）

1. 生物学特征

瓶子草属是多年生草本植物，匍匐型根状茎。叶基生成莲座状叶丛，叶型有两大类：一类瓶状、喇叭状或管状，称为"捕虫瓶"，具有捕食昆虫等小型动物的功能；另一类为剑形叶，一般是秋冬季节长出，无捕虫功能，仅进行光合作用。捕虫瓶形态各异，大小不一，有些品种的捕虫瓶可高达 1 m，瓶壁开口及壁内光滑，瓶盖生有蜜腺，分泌带有香味的蜜汁，引诱昆虫前来并掉入瓶中，内含消化液，可分泌消化酶将昆虫分解，并加以吸收。瓶子草共有 10 大原生种，它们分别是黄瓶子草（*S. flava*）、白瓶子草（*S. leucophylla*）、鹦鹉瓶子草（*S. psittacina*）、红瓶子草（*S. rubra*）、山地瓶子草（*S. oreophila*）、小瓶子草（*S. minor*）、翅状瓶子草（*S. alata*）、紫色瓶子草（*S. purpurea*）、蔷薇瓶子草（*S. rosea*）和阿拉巴马瓶子草（*S. alabamensis*）。在自然环境及人工育种下，又由这 10 大原生种演变出一些亚种、变种及人工杂交种。

（1）鹦鹉瓶子草（*S. psittacina*）　因其瓶子的造型似鹦鹉而得名，有别于其他瓶子草瓶子直立生长，鹦鹉瓶子草的瓶子是横向生长的。在旱季，步行于地面的小型昆虫被"诱骗"入瓶子中；在雨季，小鱼或水生昆虫会游入其中，特化的瓶口使得进入的小型生物无法逃脱。

（2）翅状瓶子草（*S. alata*）　植株体形较大，叶成瓶状直立，霜白色、绿色或黄色。生于低地沼泽中。具有不怕寒冷的习性，适合于无温室或暖房的普通家居栽培。

2. 物种信息（原产地信息）

瓶子草原产于南美洲亚热带地区的盐碱贫瘠荒地、沼泽地带以及湿草地上等。夏季温度 21～35℃，冬季 7～13℃较为适宜瓶子草的生长。每年 3—4 月份为瓶子草的花期,花后瓶子草进入生长季,一直持续到秋末。在秋末冬初时,气温开始下降,瓶子开始枯萎,大部分种类会长出不具捕虫功能的剑形叶。冬季瓶子草进入休眠期。

3. 栽培方式

瓶子草在原生地主要是生长在富含泥炭的沼泽地,养分比较贫瘠,常年处于湿润的状态。因此,人工栽植瓶子草,首选的基质为水苔、无肥泥炭。大部分瓶子草喜微酸性基质,只有紫色瓶子草(*S. purpurea*)在原产地生长于稍碱的沼泽地,因此在栽培紫色瓶子草时应选择偏碱的基质。

4. 栽培方法

(1)温度要求 瓶子草生长在亚热带地区,气候与我国的华南地区相近似。适宜生长温度在22~30℃,所有瓶子草属植物均可以耐轻霜。因此,在华南地区人工栽培瓶子草,冬季无须移入温室,极度严寒时除外。

冬季气温低于10℃时,瓶子草进入休眠状态。若冬季气温在10℃以上,瓶子草不进入休眠或休眠不明显,数年不休眠瓶子草植株生长弱化。因此在每年冬季低温达不到的情况下,可将瓶子草放置于4~5℃低温的环境下,进行强制休眠。

(2)光照要求 在自然生长地,瓶子草生长在直射阳光下,人工栽培的瓶子草,每天需要保证有6~8 h的阳光照射。如果光照不足,瓶子草植株颜色暗淡,瓶子徒长甚至倒伏。休眠期,光照可减弱甚至可以无光休眠。

(3)水分要求 瓶子草常年生长在沼泽中,因此栽培瓶子草需要营造潮湿的环境。在人工栽培条件下,可进行坐水栽培。到了冬季休眠期,可节制浇水,保持盆中基质稍湿即可。

(二)眼镜蛇草属(*Darlingtonia*)

眼镜蛇瓶子草(*Darlingtonia californica*)是瓶子草科眼镜蛇草属植物,单属单种,只分布在美国加利福尼亚州北部高地与俄勒冈州的西部山区。眼镜蛇草是非常知名的食虫植物品种,因酷似眼镜蛇而得名。

1. 生物学特征

眼镜蛇瓶子草为多年生草本植物。其茎常沿地表匍匐分支生长,匍匐茎可生长至20~80 cm,可发育为独立植株。

植株叶片呈莲座状生长,每株具3~14片叶。幼年植株叶片形状为简单的筒状,末端渐尖。成年植株,叶片具捕虫功能,长20~80 cm,中下部为筒状,顶部弯曲膨大,形成弯曲的"拳头状""拳头"下方开口,口部直径 10～20 mm。瓶口连接一个二歧的鱼尾状的附属物。叶片上端表面具大量不规则的半透明白色斑纹。

2. 物种信息(原产地信息)

主要分布在美国加利福尼亚州北部与俄勒冈州的高山湿地,终年有冷凉的山泉流过,因此在原生地,白天气温虽然可超过 30℃,但由于冷凉的山泉,栽培温度依然在 18℃左右。因此在平地栽培,若无降温设备,其无法正常地度夏。

知识拓展

中国食虫植物网 http://www.chinese-cp.com/

模块三　多肉多浆类植物

多肉多浆类植物在根、茎、叶等器官中含有大量的水分,使得这些器官呈现出肥厚多汁的形态,这些器官储存的水分可在土壤含水量降低、环境恶化的情况下,植株不能够从土壤中吸收水分时,供应植株生存。全世界的多肉多浆类植物超过1 万种,来自 100 多个科。

一、番杏科（Aizoaceae）

番杏科为一年生或多年生草本植物,或为半灌木。茎直立或平卧。单叶对生、互生或假轮生,有时肉质,有时细小,全缘,稀具疏齿。花两性,辐射对称,花单生、簇生或成聚伞花序。蒴果或坚果状,有时为瘦果,常为宿存花被包围;种子具细长弯胚,包围粉质胚乳,常有假种皮。

全世界约 130 属 1 200 种,主产非洲南部,其次在大洋洲,有些分布于全热带至亚热带干旱地区,少数为广布种。我国有 7 属,约 15 种,其中 1 属,约 5 种栽培。本属的代表有生石花、肉锥花等。

（一）生石花属（*Lithops*）

1. 生物学特征

生石花是番杏科生石花属(*Lithops*)的统称,目前已知分布于非洲西南部沙漠及半沙漠区,在非洲中南部热带稀树草原区也有少量分布,即从纳米比亚大西洋沿岸到南非北部奥兰治河流域,博茨瓦纳南部少量地区也有分布,从海边的沙石滩地上，到 2 400 m 海拔的高山上均有生长。

生石花植株呈倒圆锥状，几乎无茎，顶部一条裂缝将倒圆锥分成两个大小相似的部分，即生石花的两片对生叶，叶厚实短缩，叶片先端较硬，色彩多变，顶部具有花纹，或呈现出深色树枝状凹陷纹路，或花纹斑点，称作"窗面"，阳光从可以从"视窗"进入植株内部并进行光合作用。花主要有黄色和白色两大类，辐射对称。

2. 物种信息（原产地信息）

在原生地，生石花大多生长在干旱的草原，裸露的岩石，排水良好的坡地、台地和山顶平台的砾石硬土等地区。夏季气温不超过 30℃，冬季不低于 12℃，少数生长在 2 400 m 的高山顶上的，冬季可耐－10℃的低温。一般年降雨量只有700 mm，有些时候甚至几乎无降雨。

3. 栽培方式

生石花一般采用盆栽的方法，一般选用的基质要兼顾排水及提供必要的养分，可以用的基质有：煤渣、泥炭、珍珠岩、蛭石、植金石、日向石等，可按照一定的比例进行混配。可选用基质的比例为煤渣：珍珠岩：蛭石：泥炭＝5：1：1：3 或3：1：1：2，其中的煤渣可用其他多孔隙的石质材料代替，如植金石、兰石、日向石等，颗粒直径大小控制在 2 mm 左右。

4. 栽培方法

生石花是非常典型的休眠植物，最适生长温度在 15～25℃之间，一年有两个生长季和休眠季，每年的春秋两季为生长季，夏冬两季则为休眠季，即冬季低于10℃，夏季高于 30℃，生石花进入休眠。

（1）生石花的脱皮　一般在每年的 11—12 月份这段时间，温度低于 10℃以下，生石花进入冬季休眠阶段，此时生石花的新植株开始在老植株体内进行分化，此时要有意识地控水，甚至是断水为脱皮阶段做好准备。在 12 月到翌年的 1 月份，当两片叶片之间的中缝开始开裂，即表明生石花正式进入了脱皮阶段，不同地区，生石花脱皮开始的时间会有所差异。

在华南地区，每年 2—3 月份生石花春季休眠结束后，新植株开始生长，逐渐撑破原有表皮，此时意味着生石花新的生长季即将来临。新生的生石花个头相较之前会变小，随着新生植株的生长，老叶营养被新植株吸收，逐渐萎缩，整个生石花脱皮的过程就是新叶长出，老叶褪去的过程。

整个新植株分化形成到脱皮完成持续时间为 4～5 个月，在此期间生石花是必须断水的，因为脱皮的整个过程是比较缓慢的，若在这个时间给水，会造成新植株生长过快,使得老叶撕裂,造成老叶的伤口感染而死亡。当老叶营养逐渐被新植株吸收老叶干枯后,可适当给水,促进生石花的快速生长。新植株生长出来后,要循序渐进地增强阳光照射,以免突然曝晒导致植株晒伤。

(2)生石花生长季及花期管理　每年的4～6月份,是生石花的第一个生长季,这时生石花基本完成脱皮,进入生长。此时要遵循"见干见湿""宁干勿湿"的浇水方法。施肥时,以氮肥和钾肥为主,可采用1 000倍液的复合肥浇灌至植株的周围,或使用缓释肥。

10—12月份,当天气慢慢转晾,生石花进入第二个生长季,其间可以适当直晒太阳。成熟的生石花开始进入花季,单朵花的花期为7～9 d。生石花开花需要充足的光照,阴雨天气花瓣不张开。花期应施磷钾肥为主,可用1 000倍液磷酸二氢钾进行盆边浇水,或使用高磷钾肥的缓释肥。

(3)生石花休眠期管理　每年的7—9月份气温逐渐升高,华南地区夏季来临,当环境温度超过30℃时,生石花逐渐进入休眠,休眠期间生石花要进行断水,其间要避免植株暴晒,要适当地保持通风,并遮阳。

12月至翌年2月份天气开始转冷,当环境温度低于10℃时,生石花应断水,基质需保持干燥,以免盆土过湿导致根系腐烂死亡。

5.繁殖方法

生石花主要通过种子进行繁殖,每年秋季花期时进行授粉,结实后在次年第一个生长季来临时进行播种。2—3月份植株脱皮的过程中,有时候会有出现由单头变化成双头植株的现象。

6.病虫害发生特点及防治方法

(1)植株腐烂病　生石花在生长过程中,特别是在高温高湿的季节很容易出现感染细菌导致植株腐烂而死亡的现象,引起生石花腐烂的主要原因是高温多湿。

发病时植株呈现出果冻状腐烂,并带有酸臭的腐败气味。防止该病的发生需要注意通风,特别是群生株的基部彼此相邻,容易引起小环境的通风不良,一旦有一株发病,若不及时处理,很快就会蔓延到其他植株上。因此,当发现有腐烂植株出现时应及时处理,以免蔓延到其他健康的植株上,浇水时不要在叶面上残留水滴等。同时,要定期对植株喷施杀菌剂以避免此病害的发生。

(2)根粉蚧　根粉蚧是生石花最容易感染的虫害之一。根粉蚧属同翅目粉蚧科,虫体不大,乳白色,长1～2 mm,呈长椭圆形,全身具有白色的蜡质,具有一定的活动能力。根粉蚧一般喜欢藏在土质较为疏松,相对湿度较低的植株根部进行危害,多集中于作物土壤干湿交际处,在温室内一年四季均可发生,土壤湿度较小时,害虫活动较为频繁。除了危害根部,根粉蚧也会危害植株,特别是正在开花的植株,根粉蚧会从开裂的叶片中间侵入,躲藏在叶腋处吸取植株的汁液。

夏秋季节是根粉蚧发生的高峰,当根粉蚧大规模发生时可用内吸性杀虫剂进行防治。

7. 观赏特点

生石花不同的种、亚种和变种的形态和颜色都不同,有些品种的颜色是模仿其生长的土壤,有些则是模仿周围的石头,而有些两者都模仿,常形象地被称为拟态植物。

生石花的"窗面"类型多种多样,可能是全窗透明或半透明,或是"窗面"上有大小不一、颜色不一的纹路;颜色有黄色、橘黄色、红色、深棕色、深紫棕色等。生石花"窗面"不同的颜色、纹路组成,使得其有效地融入周围环境中,与土壤和石头融为一体,这使得它们很难被找到,是一种"拟态"植物,因此生石花作为一种趣味性很强的植物,是自然科普的好材料。目前,进入园艺市场的生石花品种很多,国内常见的园艺栽培品种超过百个,"大津绘""红大内玉"等品种较为热门,"曲玉""荒玉""日轮玉"等比较常见。

(二)肉锥花属(*Conophytum*)

1. 生物学特征

肉锥花是番杏科肉锥花属(*Conophytum*)的统称,是番杏科中最为丰富的属,属下有约 400 种。由于受到地域及气候的限制,目前已知的该物种绝大多数原产于南非纳米比亚南部干旱、冬季多雨的区域,有近 1/3 的物种被认定为当地特有种。

肉锥花品种繁多,形态各异,几乎无茎,高度肉质化的变态叶下直接长根,肉质叶具有储水功能,形态多样,颜色各异,有球形、倒圆锥形;对生叶下部合生,形成一体,叶片顶部开裂,裂缝深浅不一;叶片颜色有青绿色、黄绿色、暗绿色等,部分品种叶片顶部还具有斑点、纹路,或光滑,或具有浅乳突;秋冬季节,花从叶片顶部的裂缝中抽生,直径 1~3 cm,有黄、白、粉红、紫色,通常在白天开放,夜晚闭合,部分品种具有芳香。

肉锥花从肉质叶的形态上大致可分为三种类型:

(1)马鞍形 植株球形、圆锥形或卵球形,顶部中央的裂缝不明显,仅在顶部中央有一很短的浅沟。主要品种有"清姬""雨月""小纹玉"等。

(2)球形 植株裂口较明显,宽而不深,裂片顶端钝圆。主要有"群碧玉""口笛""阿多福"等品种。

(3)铗形(剪刀形) 这类型一般在肉锥花属中属于大型品种,植株圆锥形,叶片裂口较深,两侧裂片犹如剪刀形状。主要有"少将""舞子""小公主"等。

2. 物种信息(原产地信息)

目前已知的超过93%的肉锥花属植物,分布于横跨南非北部开普省和纳米比亚西南沿海的卡鲁多肉多浆植物生态区,该生态区气候类型特殊,该地区是冬季与夏季降雨区域分界的过渡区,降雨较少,但由于受到寒冷洋流的影响,经常云雾缭绕。该区域盛产多肉多浆类植物。肉锥花属在该区域的石英、砂岩、花岗岩、片麻岩的土壤地质环境下均有分布,其中在石英石区域分布较多。在炎热的夏季,石英石可以通过反射太阳辐射,来为休眠在地表下的肉锥花降温,同时使种子得以发芽,幼苗得以生存。

3. 栽培方式

肉锥花与生石花的栽培方式一样,可采用盆栽的方法,一般选用的基质要兼顾排水,提供休眠保护及必要的养分为宜。由于肉锥花的根系不如生石花发达,因此在栽培基质的选择上要增加细腻基质的比例,可选用基质的比例有:粗砂∶珍珠岩∶蛭石∶泥炭=5∶2∶1∶4,其中的粗砂可用其他多孔隙的石质材料代替,如植金石、兰石、日向石等,颗粒直径大小控制在2 mm左右。

4. 栽培方法

肉锥花的适宜生长温度是20~28℃,当温度低于10℃,或高于30℃肉锥花都会停止生长,进入休眠状态,当冬季气温低于0℃时,大部分的肉锥花品种会有冻伤、冻死的风险。

肉锥花和生石花一样,具有春秋两个生长季,夏冬季节则会休眠,但肉锥花对光照的需求没有生石花高。强烈的日光直射容易造成肉锥花的晒伤。但是若光照不足,会影响肉锥花的开花与繁殖,一般遮阳率在50%~60%即可。在幼苗期、移栽期和休眠期,肉锥花只需要放置在具有明亮散射光的地方。

(1)肉锥花的蜕皮 肉锥花的蜕皮一般比生石花晚一个月,一般在每年的春末夏初的季节,即在华南地区为每年的4—5月份,华北地区则为5—6月份,肉锥花开始进入蜕皮阶段。肉锥花开始蜕皮时表现出原有表皮出现皱缩,脱水的现象,由于品种不同,肉锥花蜕皮持续的时间会有所不同,有些肉锥花在夏季来临前就可以完成蜕皮,但是有些则会持续整个夏季。肉锥花在蜕皮前期需要完全断水,否则会造成肉锥花的二次蜕皮、徒长。在蜕皮后期,可以逐渐给少量水以促进新植株的生长,突破原有表皮,完成蜕皮过程。蜕皮后肉锥花植株会由 1 株变成 2～3 株。

（2）肉锥花生长季及花期管理　春、秋季气温在 10～30℃ 时,肉锥花进入生长季节,在华南地区一般为 3—4 月份,华北地区是 4—5 月份。生长季节要保持肉锥花生长所需的水分,采用"见干见湿"的浇水方法,浇水要沿盆边浇灌,切忌直接将水淋到植株上,以免造成植株的腐烂导致死亡。生长季节可以施用缓释肥以及液体肥来促进植株的生长,一般可以采用 1 000 倍液的复合肥水溶液,每 1～2 周浇灌 1 次。

整个生长季节光照对于肉锥花是非常重要的,生长季节要保持良好的光照,特别是秋季温差较大,良好的光照有利于肉锥花的开花。肉锥花叶片顶部的"视窗"能有效地抵御春秋季节的阳光直射,但植株的侧面不能忍受,因此种植肉锥花时要避免植株侧面长时间受到强烈日光的照射。肉锥花的花期在每年的秋季,这个时候可以施以磷、钾肥为主的薄肥促进生长及开花。

春秋季节也是肉锥花换盆移栽的季节,在气温为 25℃ 左右时为最佳换盆移栽温度。换盆的 3～4 d 需要对植株进行断水处理,以促使肉锥花植株的含水量降低,降低感染病菌的风险,换盆或移栽时应注意去除原有生长基质以及不健康的老根、死根。换盆移栽后的头 1～2 d 内无须浇水,待根系的伤口经过 1～2 d 的断水控制愈合后开始淋水,由于此时肉锥花的根系还未长出,要控制浇水的频率,采取"见干见湿"的浇水方法。待 1～2 周,根系长出即可进行正常管理。

（3）肉锥花休眠期管理　进入夏季,温度逐步升高,此时需要适当的控水,当温度高于 30℃,肉锥花进入夏季休眠状态。在原产地,夏季高温时节,肉锥进入休眠状态,植株皱缩入石英石缝中,石英石反射走了大部分的日光,因此在人工栽培过程中,夏季高温时要避免肉锥花受到正午阳光的强烈照射。

进入冬季,温度降低至 10℃ 以下时,肉锥花进入冬季休眠状态,此时根系吸水能力减弱,需进行断水处理,以保证植株安全越冬。

5. 繁殖方法

肉锥花主要有两种繁殖方式:播种和分株。肉锥花播种的基质与植株的栽植基质不同,在基质的颗粒大小,如植金石、火山石或石英石等和泥炭的比重上有所差异。颗粒大小方面,肉锥花播种要选择更细小的播种颗粒,大概 1～2 mm 之间,泥炭的比重需要增大,比例约为泥炭∶珍珠岩∶蛭石∶植金石＝3∶2∶1∶1。颗粒的选择比较宽松,赤玉土、日向土、植金石、红火山岩、轻石、细河沙、园艺珍珠岩等,可以任意选一至多种混合。

6. 病虫害发生特点及防治方法

肉锥花的病虫害发生特点与生石花相似,可参考生石花的病虫害防治。

7. 观赏特点

肉锥花属是番杏科中种类最多的一个属,属下的种类变化繁多,光从植株形态就可以分为马鞍形、球形、剪刀形三大类,在植株的颜色及花纹的变化上也是非常丰富的,如原产于南非开普省小纳马夸兰地区的口笛(*Con. luiseae*),植株的肉质叶片呈元宝状,叶片顶端有轻微的棱,阳光充足的时棱变成红色,花米黄色;原产于南非开普省北部的毛汉尼(*Con. maughanii*),现经园艺育种家的选育,出现了多个植株颜色变异的园艺种,如红色的红毛汉尼,水蜜桃色的毛汉尼等,犹如一个个色彩斑斓的糖果一样;原产于南非马奇斯方丹的安珍或称安贞(*Con. witteber-gense*),也是属于有多个园艺变种的肉锥花,夜晚开花,叶片顶部表面有很深刻的花纹等。肉锥花相较于生石花,经脱皮后繁殖的植株更多,经过一次脱皮有些植株可分化出 2～3 个新的植株,更容易形成群生效果,且肉锥花的形态多变,颜色丰富,观赏性极强。

二、独尾草科（Asphodelaceae）

原独尾草科是百合科下的一个亚科,1998 年后经过基因分析后从百合科中独立出来,目前该科下共有 11～17 属约 800 种,主要分布在非洲、地中海沿岸和中亚地区,本科植物多为肉质植物,主产区在南非的南部,如芦荟属、苍角殿属、鲨鱼掌属、十二卷属等,著名的百岁兰也是该科下的植物。

近年来,该科下的十二卷属(*Haworthia*),因其品种繁多,形态各异,观赏性较强,且植株小巧玲珑,非常适合家庭个人栽培观赏。十二卷属植物的共同特征是植株矮小,直径为 3～30 cm,大多数无明显的茎,单生或丛生,叶片大多数呈莲座状排列,少有两列叠生或螺旋形排列成圆筒状;总状花序,高可达 40 cm,小花白绿色。根据叶片的形态,大致可分为软叶系、硬叶系。

软叶系的特点是:叶片短而肥厚、多汁,角质层相对较薄,叶片顶端较肥厚或成截形,与生石花一样有透明或者半透明的"视窗",阳光通过"视窗"进入植株体内进行光合作用。常见的如玉露、万象等。

硬叶系的特点是:其叶片肥厚,角质层相对较厚,质地较硬,叶片呈剑形或三角形,先端急尖,大多数品种叶片表面上有白色的疣突。常见的有条纹十二卷、琉璃殿、象牙之塔等。

常见的十二卷属植物如条纹十二卷、水晶掌等,栽培相对简单,不需要进行复杂的处理也可以得到很好的盆栽效果;也有适合高级爱好者收集栽培的玉扇、万象等品种。

(一)玉露(*Haworthia cooperi*)

1. 生物学特征

玉露是软叶系的品种,莲座状,叶片长 2～10 cm,宽 1～2 cm,肥厚饱满,翠绿色,顶端呈透明或半透明状的"视窗","视窗"表面有深色的线状条纹,叶片顶端有细小的丝状须。总状花序,小花白色。植株初为单生,以后逐渐呈群生状。

2. 物种信息(原产地信息)

玉露原产于南非东开普省,是夏季降雨的区域。喜半阴的生长环境,不耐阳光直射,夏季高温时会进入休眠状态。

3. 栽培方式

栽培玉露大多数以盆栽方式为主,一般选用的基质要兼顾排水、透气和提供必要的养分为宜。因此在栽培基质的选择上要以颗粒为主,并增加有机质的含量以保证养分地提供,可选用基质的比例为泥炭：珍珠岩：蛭石：颗粒基质＝1：1：1：4,其中颗粒基质可选择植金石、兰石、日向石等,颗粒直径大小控制在 2 mm左右。

4. 栽培方法

玉露原产南非东开普省,喜温暖、干燥的生长环境,不耐太阳直射及高温,喜半阴环境,不耐寒,生长适温 18～22℃。夏季超过 30℃高温时呈休眠或半休眠状态,生长缓慢或完全停滞;冬季低于 8℃进入休眠状态,可耐 3～5℃的低温,短时间的0℃低温也不会出现问题,但若长期处于 5℃低温状态下,容易产生冻伤。在华南地区,玉露的冬季休眠期不长,也不明显,生长季节可从秋天持续到翌年的春季。

(1)生长期管理　玉露在生长期间对光照较为敏感,喜光线明亮的半阴环境,在此环境生长的植株,株型紧凑,叶片肥厚饱满,"视窗"透明度高,观赏效果好。若生长季节阳光直射,光照过强,叶片呈浅红褐色,甚至灼伤叶片,灼伤斑不可逆,会留下难看的"疤痕";若光照不足,容易造成植株不成形,莲座状松散,不紧凑,叶片徒长,"视窗"不明显,严重影响观赏价值。因此,在华南地区栽培玉露时,在每年的夏季 5—9 月份,需进行 60％的遮阳网,以避免强烈的日光灼伤叶片;秋冬春季节,即 10 月至翌年 4 月份,可给玉露进行全光照,以促进其生长。

生长期保持通风,掌握"见干见湿,浇则浇透"的浇水原则,避免积水,但也不宜长期干旱,否则植株虽然叶片黯淡,植株干瘪,失去观赏价值。不会死亡,但叶片干瘪,叶色黯淡。在生长季节,维持环境的相对湿度在 60%～80% 可使叶片饱满,"视窗"透亮,植株处于最佳的观赏状态。

低氮高钾的肥料可促使植株生长健壮,株型饱满,因此可在生长期对于长势旺盛的植株,每周施 1 次低氮、高磷钾的复合肥水溶液 1 000 倍液,新移栽的植株或生长势较弱的植株则不必施肥。在夏季高温或者冬季温度较低时的休眠期也不必施肥。

(2)休眠期管理　玉露适宜在冬暖夏凉的环境中生长,夏季气温高于 30℃ 时玉露进入休眠或半休眠状态。此时,生长缓慢或完全停滞,休眠期间需要进行控水栽培,并且停止施肥,可将其放在通风、凉爽、干燥处养护,并避免烈日的曝晒和雨淋,等秋季气温下降,生长季来临后再恢复正常管理。

5. 繁殖方法

(1)分株繁殖法　在玉露的植株下部会分蘖出侧芽,待侧芽涨到 3～5 cm 大时可切除下来重新种植,形成新的植株,一般分株在 9—10 月份生长季节来临前进行。切除下的侧芽需要晾干伤口方可种植,新种植的植株不宜浇水过多,以免造成腐烂。

对于不易产生侧芽的品种,可以通过去除顶端优势的方法来刺激侧芽的萌蘖。

(2)叶插繁殖法　玉露的单片叶片带有生长点,可以发育成新的植株。叶插的叶片需选择健壮厚实的肉质叶,在生长期将叶片整片掰下,晾干伤口后平放在珍珠岩、蛭石或粗沙等排水良好的基质中扦插,扦插后需保持基质的湿润。待肉质叶基部生根,并长出小芽,小芽长至 2～3 cm 时即可另行栽种。

(3)播种繁殖法　玉露的种子可随采随播,播种基质可增大泥炭的含量,泥炭∶蛭石∶珍珠岩＝2∶1∶1,播种前需对基质进行高温消毒,刚播种时要注意保湿,以促进种子尽快萌发。

6. 病虫害发生特点及防治方法

(1)烂根　烂根是玉露的常见病害有之一,由于玉露的根系肉质,因此若栽培基质透气性不好,或基质长期积水容易造成根系的无氧呼吸,导致根系腐烂,严重的会感染细菌导致植株的死亡。因此栽培种要选择排水良好,透气性好的栽培基质,并保持基质的排水性。

(2)烂心　由于玉露植株呈莲座状,因此植株中心容易积水,若浇水时植株中心的积水不能及时排走,很容易造成植株的烂心。

(3)根粉蚧 根粉蚧是危害多肉多浆类植物的一种常见虫害,其防治方法可见生石花的虫害防治方法。

7. 观赏特点

玉露的观赏主要集中在其透明的"视窗",晶莹剔透,圆润饱满,有最佳的观赏效果。玉露在园艺上的变种很多,常见的有冰灯玉露、姬玉露、毛玉露、帝玉露、琥珀玉露等及大量的杂交种、优选种。

(二)寿、玉扇和万象

1. 生物学特征

以寿、玉扇和万象为代表的十二卷属下软叶系的种,其形态相似,都是具有"巨大视窗"的品种。

寿(*Haworthia emelyae*)原产南非西开普省的东南部,植株矮小、无茎。植株呈莲座状;叶片短且肥厚,呈螺旋状排列生长,半圆柱状,顶端呈三角形,截面平而透明,形成特有的"视窗"状结构,窗上有明显的脉纹。花梗长,花白色,筒状。寿主要观赏部位为叶片顶端的三角形"视窗",叶色有绿、褐色等,园艺品种极多。

玉扇(*Haworthia truncata*)原产于南非西开普省东部边缘的小卡鲁地区,当地称之为"马牙",是一种小型的多肉多浆类植物,高 2~5 cm,宽约 10 cm。植株呈扇形,顶部略凹陷;叶片肉质直立,两侧对称生长,顶端呈截面状,有小疣状突起,有些品种叶片截面上还有灰白色透明状花纹;总状花序,花梗长 20~25 cm,花筒状,白色。在原产地时,整个植株会埋于土中,只露出叶片先端。园艺品种众多,还有整个植株锦化的品种。

玉扇株无茎,肉质叶排成两列呈扇形,叶片直立,稍向内弯,顶部略凹陷。叶表粗糙,绿色至暗绿褐色,有小疣状突起;新叶的截面部分透明,呈灰白色。习性强健,根系比较粗壮。有些品种叶片截面上还有灰白色透明状花纹。其园艺品种"玉扇锦"叶片上有黄色或粉红色斑纹。

万象(*Haworthia truncata* var. *maughanii*)是玉扇的一个变种,最初的命名者为日本人,分布在玉扇分布区的西部边缘地带。相较于玉扇植株叶片的两侧对称排列,万象的叶片呈松散的十字形排列,植株高 2.5~5.0 cm,叶片从基部长出,圆柱状,顶端平呈圆形或椭圆形,截面呈透明或半透明的"视窗",花序梗长 15~20 cm,小花 8~10 朵,白色,有绿色中脉。与玉扇一样,万象整个植株生长在地下,只有叶片的顶端高于土壤表面,旱季时植株皱缩,仅留下"视窗"顶露出。

2. 物种信息(原产地信息)

寿、玉扇、万象均原产于南非西开普省的东部或东南部地区,旱季雨季区分明显。生长在树荫下,偶尔也生长在开阔的地方。只有叶片的顶端高于土壤表面,所以很难找到,这是应对食草动物的极好的自我保护方式。根系肉质,在生长季节,根系吸水膨胀,把植株顶出地面;干旱季节,根系收缩,把植株拉入地下,只留下顶部的"视窗"露出来。

3. 栽培方式

基于寿、玉扇和万象的生长方式,栽植选用的容器需要具有良好的根系生长空间,但又不能体积过大,且需具有良好的排水性,因此口径小,高度高的容器是比较合适的选择,现园艺市场针对这类型的花卉,特制了专用的栽培容器。基质可选用泥炭土,加上排水良好的基质混合使用,如珍珠石、蛭石、植金石等。

4. 栽培方法

寿、玉扇和万象适宜的生长温度15~25℃,生长期在冬季至初夏,喜温暖和阳光充足的环境,耐干旱,怕积水和烈日曝晒,但长时间的干旱会使叶片缺水萎缩,影响观赏效果。不耐寒冷,高昼夜温差下植株生长健硕。

(1)生长期管理 寿、玉扇和万象的生长期在华南地区为冬季持续到来年的初夏,此时可将植株放置于光线明亮无阳光直射的地方,浇水依然遵循"见干见湿"的原则,防止积水,但也不可过于干旱,否则植株生长不良,虽不会死亡,但生长缓慢或完全停止,影响观赏效果。玉扇和万象喜空气较为湿润的环境,在生长季节要维持空气湿度在60%~80%之间。生长期每月施一次复合肥1 000倍液,施肥时尽量不要将肥液溅到叶片上,以免引起叶片的肥害。

根据植株的生长情况,每1~2年的春季或秋季可给盆栽植株换基质一次,盆基质要求排水透气性良好,疏松肥沃,并含有适量的石灰质,由于三种植株具有较粗壮的肉质根系,因此要求基质中含有较粗的颗粒。换盆时剪掉中空、腐烂的根系,保留健壮的白色粗根。

生长季节需要维持顶部光照,以免因向光性导致植株生长歪斜,影响观赏效果。

(2)休眠期管理 夏季高温时寿、玉扇和万象的植株生长缓慢或完全停滞,此时植株要避免烈日的暴晒,否则强烈的直射阳光会灼伤叶片,可将植株放在通风凉爽处养护。由于休眠后植株生长停滞,根系吸收水分和养分的能力变弱,此时应停止施肥,控制浇水,防止因闷热潮湿而引起的植株腐烂。

冬季温度低于10℃时,植株进入短暂的休眠期,此时应控制浇水。由于多肉多浆类植物的含水量较大,如气温降至5℃以下低温时,过低的温度,会使含水量大的叶肉细胞,因霜害而结冰坏死,因此,如遇长时间低温的冬季需注意保温。

5. 繁殖方法

寿、玉扇和万象都可用分株、叶插、播种,其中玉扇和万象还可以通过根插的方式来进行来繁殖。

(1)分株繁殖　在生长期间,当侧芽长到2～3 cm时,可以将其切下重新种植,刚种植的小苗不能浇太多的水,即保持盆土稍有潮湿即可,待其生根后可进行正常的管理。

(2)叶插繁殖　叶插繁殖是一种较为快速的繁殖方式,在生长季节,选取生长健壮、充实的叶片进行叶插,将叶片掰下后,放在阴处2～3 d晾干伤口,待伤口干燥后,斜放于湿润的粗砂或蛭石中,使基部与基质接触,切忌湿度过高,避免叶片腐烂,1～3个月会发根长出小芽。

依品种不同,有的先根后叶,有些先叶后根。待其长成幼苗,即可移入新的盆土中。

(3)播种繁殖　由于寿、玉扇和万象的种子都十分细小,因此在播种时需要注意,选取的播种基质以泥炭含量高为宜,播种基质配比为泥炭∶珍珠岩∶蛭石＝2∶1∶1。发芽时适宜温度为20℃左右,这类品种的种子播种苗生长缓慢,但实生苗在适应性及抗逆性上要优于分株苗或叶插苗。

(4)根插繁殖　根插繁殖是玉扇和万象的繁殖方式之一。根插繁殖有两种处理方法:一种方法是从植株的根基处切下隔年的健壮肉质根系,并将其埋入蛭石或细颗粒植金石中,顶部露出0.5 cm,保持介质半湿润状态,并注意避免阳光直射。从根插开始到长出新植株,时间比较久,一般从3～6个月不等,其顶端会有新芽长出。另一种方法是将植株连根拔起,在靠近主根基部的0.5 cm处全部切断,不久残留在盆土中的根会有新芽长出,剩余的部分晾几天,等伤口干燥后重新栽种,成为新的植株。根插法适用于一些繁殖率低或是变异的品种,为使其性状维持稳定,更大程度地采取无性繁殖的方法,以保持母株的性状。

6. 病虫害发生特点及防治方法

寿、玉扇和万象病虫害的发生和生石花等相类似,可以参考生石花的病虫害防治方法。

7. 观赏特点

寿、玉扇和万象的基本形态相类似,同一种的形态基本相似,但是每个品种都有不同的窗面和纹路。目前,各国的栽培者更喜欢用不同的材料来进行杂交,培育出更为丰富多彩的园艺品种。

如康平寿、西瓜寿、紫太阳、白银寿、青蟹寿等,而有部分变异种的叶片,会出现黄斑,如寿锦、斑锦等;寿还可以和玉露杂交,寿锦与玉露的杂交品种"玉露寿锦",雪花寿与玉露杂交品种"雪花玉露"等。

寿、玉扇和万象有非常多的品种,其价格也由几十块甚至到几千块都有,目前对这三种花卉的育种多集中在培育株型端正,叶片肥厚,纹理越清晰的品种,尤其是"视窗"的透明度越高的品种,其价格也越高。

三、夹竹桃科（Apocynaceae）

球兰属（*Hoya*）

1. 生物学特征

球兰是夹竹桃科球兰属(*Hoya*)植物的统称,本属最大的特点是花冠辐状,花冠裂片与副花冠呈五角星状开展;茎、叶均肉质。主要特征:灌木或半灌木,附生或卧生;茎、枝、叶通常肉质。聚伞花序,着花多朵;萼小,基部内面有腺体;花冠肉质,辐状,5裂,裂片广展或外展;副花冠5裂,着生于雄蕊背部而呈星状开展,上部扁平,两侧反折而背面中空,其内角通常成一小齿倚靠在花药上;花药贴合在柱头上,顶端有薄质膜片;花粉块每药室1个,长圆形,直立,边缘有透明薄膜;雌蕊由2枚离生心皮组成,花柱短,柱头盘状五角星或圆锥状。蓇葖果通常单生;种子顶端具白色绢质种毛。本属有200～300种,分布于亚洲东南部至大洋洲各岛屿。我国有36种,分布于南部和西南部的广西、广东、云南、海南等地。

2. 物种信息(原产地信息)

球兰分布于亚洲的东南部直到大洋洲的澳大利亚北部,从热带雨林的腹地到喜马拉雅山的陡坡上;从半干旱的澳大利亚到潮湿的丛林中都有球兰的分布,是一种适应性较好的植物,多附生于林下的树干或岩壁上。性喜高温、高湿和半阴的环境,适宜多光照和稍干的条件。它是由罗伯特·布朗于1810年首次发现的。目前已知球兰的种类有200～300种,新种还在不断地发现中。

3. 栽培方式

根据球兰的生长特性，球兰的栽培方式可以有盆栽和立体栽培两大类。可以选用的栽培基质有以下一种或几种配比：

(1)兰石与树皮的混合基质　该混合基质的比例约为兰石与树皮＝2:1。种植球兰一般采用中号和小号兰石为宜。中号兰石直径约为 1 cm,小号兰石直径约为 0.5 cm。一般市场上售卖的树皮为脱脂松树皮等,用于栽培球兰有保水、使根附着、透气的作用。市场上售卖的树皮也有不同规格,一般种植球兰采用的树皮以直径在 1～3 cm 为宜。

利用兰石与树皮的混合基质栽培球兰的优点是:基质排水透气性强,兰石和树皮的小空隙可以储存部分水分,并且能缓慢释放出来,使球兰根系生长良好;兰石具有理化性质较好,不易发生化学变化等优点;树皮的优点是质地轻,空隙大,利于球兰根系的生长,具有一定的保水保肥特点。

其缺点是:兰石保水保肥能力不强,且质量较重,所以常和树皮混合使用,且在运输的过程中容易散落,挤压容易粉碎,导致植株根系受伤害;树皮使用时间过长会酸化,影响根系的健康生长。如果单用树皮作为栽培基质成本过高,不利于工厂规模化生产。

(2)椰壳块　椰壳基质有以下几个优点:具有良好的保水性,可以充分保持水分和养分,减少水分和养分的流失,有利于球兰的生长;有良好的透气性和孔隙,有利于球兰根系的生长;有缓慢的自然分解率,有利于延长基质的使用期;是经大型工业设备生产加工的,产品经过高温消毒,不含线虫等,在生产过程中不易发生病虫害,易于管理;不含杂质,利用率可达 100%,传统椰糠含有较多的杂质,利用率只有 70%～80%,椰壳块则可 100% 利用;运输方便,经过大型机械压缩的椰糠砖 7～8 m³/t,加水后膨胀可达 14 m³/t,可以大大降低运费,且椰壳块质地较轻,球兰根系长好后,在运输过程中基质不易散落出。

椰壳块的缺点是:椰壳块使用时间过长后容易酸化,影响根系生长且容易在缝隙处滋生根系害虫和细菌,影响球兰的生长。

(3)水苔　水苔是栽培附生植物常用的栽培基质,特别是在兰科植物上大量的使用。由于水苔的成本较高,一般用于扦插繁殖小苗和栽培较为珍贵的球兰品种。在栽培较为珍贵的球兰如景洪球兰(*H. chinghungensis*)、银斑球兰(*H. curtisii*)等根部不能过干,但又不耐湿的球兰时用处极大。

(4)泥炭土＋园土＋珍珠岩　该介质因价格低廉,目前为国内大多数栽培球兰的生产者所用,配比是 50%泥炭土＋20%园土＋30%珍珠岩混合作为的基质。对于适应性较强的国内原生种球兰,如绿叶球兰(*H. carnosa*)、心叶球兰(*H. kerrii*)等,使用这种栽培基质可以节省浇水时间,在生长上也不会产生影响。但是对于大部分球兰,特别是原产于东南亚的球兰来说,这种基质透气性不强,多余水分不易尽快排出,容易使球兰根部因无氧呼吸导致烂根。

4. 栽培方法

(1)温度管理　温度对球兰的影响较大,根据球兰原产地的不同,球兰适宜生长的温度有所不同,因此在栽培球兰时首先要了解球兰的原产地以及原产地的海拔,以便更好地栽培球兰。

① 原产于我国的球兰　我国是球兰分布的北缘,因此原产于我国的球兰一般适宜生长的温度为 22～30℃,冬季可耐 0℃低温。部分品种如西藏球兰,夏季不耐高温,温度高于 25℃时植株会出现萎蔫、叶子脱落,时间长会造成植株死亡。原产于云南景洪地区的景洪球兰,夏季不耐超过 30℃高温,高温会导致叶子脱落甚至死亡。

② 原产于东南亚一带的球兰　原产于东南一带的球兰冬季不耐低温,适宜的生长温度是 25～30℃,冬季温度不能低于 10℃,若冬季温度长期低于 5℃,要注意防寒,此时有可能会引起冻害,导致叶片冻伤、落叶。部分品种对低温较为敏感,如帝王球兰(*Hoya imperialis*),冬季气温低于 17℃会导致植株死亡,因此原产于东南一带的球兰在冬季要进行保温。

(2)光照管理　球兰生长在热带、亚热带的雨林地区,对光线要求不高,大多数球兰不耐强烈日光的直射,日光直射容易产生灼伤,影响叶片的观赏。若日照过强,叶色会泛黄甚至脱落;若光照不足,球兰的叶色就会变得没有光泽、长势不佳,开花少。国外的研究数据表明,使绿叶球兰开花需要达到 10 000～20 000 lx 的光照量。因此在栽培球兰时一般可将球兰置于明亮散射光但无太阳直射的地方,温室栽培球兰须遮光 60%。

(3)水分管理　球兰是喜较高空气湿度但不耐积水的附生植物,浇水不宜过量,以免引起根系腐烂,一般采用"见干见湿"的方法浇水。对叶片厚实、革质的品种可少浇水,对叶片小的品种在浇水上要注意避免因为盆土太干导致球兰缺水死亡。

球兰的水分供给对球兰的开花有一定的控制作用,一般水分充足的情况下球兰营养生长旺盛,开花性不佳,夏秋季节采取适当的干旱胁迫有利于球兰花芽的形成。但过分的干旱会使球兰叶片失去光泽甚至脱落。

春季生长旺盛时可增加浇水量,一般1天可浇水1次;夏秋季气温较高,空气湿度不足,此时除了满足球兰生长所需水分外,可适当地增加空气的湿度;空气湿度维持在70%~80%之间为宜,为了使球兰花芽形成,在不影响球兰正常生长的情况下,每隔1~2 d浇水一次;冬季当温度在10~15℃时要注意控水,一般每7 d浇水1次;当气温在10℃以下时球兰已经停止生长,进入休眠状态,此时应停止浇水,适当的干旱有利于球兰的安全越冬。

(4)施肥管理　球兰是附生植物,根部对肥料的吸收能力较弱,过浓的肥料会导致球兰根系烧伤,导致根系腐烂,严重的甚至造成植株死亡。因此在栽培球兰的过程中采用缓释肥效果为好,一般可以采用奥妙颗粒缓释肥,根据花盆大小进行施肥,一般口径为10 cm的花盆一次施10~15粒,每3个月施1次,冬季停止施肥。除了施用缓释肥外,还可以配尿素1 000倍液作为叶面肥,以促进球兰在生长期的生长,花期每隔1个月喷施1次磷酸二氢钾2 000倍液,以促进球兰花芽的形成。

(5)花期管理　球兰花期在夏秋两季,大部分球兰属植物是续花性的,一般在同一花秆上可以开数次乃至数十次花,因此不需要剪去老花秆。当花芽生长时,球兰不宜转变环境,否则容易造成花芽停止分化。当花苞长出但未成熟时,环境的改变也容易造成球兰落蕾。开花期间可每隔1周喷施1次磷酸二氢钾或花宝3号1 000倍液。

5. 繁殖方法

(1)种子繁殖　球兰为蓇葖果,种子先端具白色绢质种毛,种子成熟时会从果荚中爆出,此时可以采收。采收后必须尽快播种,新鲜种子发芽率较高,否则发芽率就会直线下降。在环境不适宜的情况下,球兰种子也极易受到细菌的感染,导致萌发率较低甚至不萌发。

为了避免球兰播种时由于基质的原因导致小苗成活率不高,在播种前选择基质的配比是非常重要的。首先,基质的选择要满足球兰萌发所需要的水分,且以不积水的为宜,一般可以采用珍珠岩、蛭石、细兰石3种基质混合,其配比为1∶1∶1。其次,播种前必须对基质进行严格的消毒,可采用蒸汽消毒杀灭基质中的害虫、虫卵和细菌的方法。

播种后要进行覆膜保湿,放置在阴凉处,定期将薄膜打开透气。发芽温度最好保持在22~24℃之间,一般1周左右球兰种子就会开始萌发,待长至2~4片真叶时即可假植。苗期可定期喷花宝5号1000倍液促使幼苗健康成长。种子播种生长较慢,通常需要3~4年的生长周期才能够开花,在生产中通常不使用播种繁殖,多以扦插繁殖为主。

(2)扦插繁殖 生产中多用扦插法繁殖育苗。扦插除冬季及早春因气温低不宜进行外,其余时间均可进行,每年3—4月用扦插法进行扩繁较适宜。一二年生的老茎及当年生的嫩茎均可作插穗,剪成5~8 cm,留有2节带叶子的枝条。截取2节带叶枝条比1节的抽发新枝条的速度要快且壮,枝条茎间短的要比茎间长的插穗抽新枝条的速度快。

球兰扦插的方法有以下几种:

① 水插繁殖 将球兰插穗下部1~2 cm放入水中,每隔2 d换1次水,待白色不定根长出后即可移植入盆中。其优点是球兰生根快,植株在扦插过程中不易脱水。缺点是新长出来的根在重新移入基质中后需要一段时间的适应期,其间球兰的生长缓慢。

② 水苔扦插 水苔是一种很好的扦插繁殖球兰的基质,其优点是球兰生根快、植株不易脱水、抽新枝条速度快,其缺点是水苔成本较高,一般用于较珍贵的品种。

③ 椰壳块或珍珠岩、蛭石扦插 此种扦插法目前采用较多,其优点是保水透气、球兰不易烂根。

(3)压条繁殖 压条繁殖是为了使连在母株上的枝条形成不定根,然后再切离母株成为一个新生个体的繁殖方法。

球兰的压条繁殖大多数应用于扦插生根困难和较为珍贵的球兰种类,如贝拉球兰(*H. bella*)、蜂出巢(*H. multiflora*)、银斑球兰(*H. curtisii*)、帝王球兰(*H. imperialis*)等。

如小叶球兰(*H. microphylla*)这类叶子较小的球兰,不易扦插繁殖,在插穗还未生根时植株就因为缺水而死亡。因此,此类球兰一般采用压条的方法进行繁殖,将要繁殖的枝条固定在湿润的水苔或珍珠岩上,待枝条的气生根长出并固定在水苔或珍珠岩上时,可将枝条剪下,取走重新定植。其优点是成活率较高,且新植株生长速度快。球兰枝条上经常会有不定根长出,因此在压条繁殖过程中不需要像常规花卉压条繁殖时进行环剥处理。

6. 病虫害发生特点及防治方法

(1)软腐病 在高温高湿的环境中,球兰容易发生软腐病。发病初期,球兰叶片呈萎蔫状,发病部位多在植株的基部,基部感染后迅速扩展至全株,感染至叶片时叶片呈黄色软腐状,带有褐色的水流出并伴有特殊的臭味。

机械伤是造成球兰植株感染软腐病的重要原因,因此在球兰移栽的过程中要尽量避免机械伤的产生。扦插时要注意工具消毒,并在伤口处涂抹 M-45 大生粉或代森锌粉。栽培中要注意通风,避雨栽培,并且定期喷施甲基托布津 1 000 倍液或农用链霉素 5 000 倍液。如发现病株应及时清理,以免感染到其他健康植株。

(2)炭疽病 球兰炭疽病一般通过植物的伤口侵染,主要表现为叶片出现黑色的斑点。发病初期可以在叶面上看到若干浅黄色、淡灰色或黑褐色的小斑块,有时这些小斑块会聚生成若干的黑色带,当病斑扩大时,周围组织变成黄色或灰绿色并下陷,严重时可导致整株死亡。

保持良好的通风和采光可有效防止炭疽病的发生,发现病叶时应及时剪除,避免晒伤、冻害、肥伤、药害,可采用甲基托布津 1 000 倍液等进行防治。

(3)蚧壳虫 蚧壳虫属同翅目盾蚧科,刺吸式口器的害虫。球兰的枝条和花芽上时常会分泌蜜露,这些蜜露极易吸引蚧壳虫群集。蚧壳虫可通过球兰的气孔吸取营养,对植株伤害极大,容易造成植株黄化、失去养分和感染病害,最终可导致植株死亡。蚧壳虫通常寄生在球兰植株的叶片背部、叶鞘和茎上,尤其以叶背阴暗处和植株基部最多。夏季的高温高湿、通风不良极易造成蚧壳虫的产生。

当发现少量蚧壳虫时,可用毛刷将虫体刷去。当虫害大面积发生时就需要采用化学方法来防治。一般可采用喷施速扑杀 700～1 500 倍液来杀灭蚧壳虫,每隔 5～7 d 喷施 1 次,连续 3 次,具有较好的防治效果。

(4)根粉蚧 根粉蚧属同翅目粉蚧科,刺吸式口器的害虫,寄生于球兰根部,呈白色蜡粉状。由于寄生在根部,因此不易被发现。发病时植株呈现萎蔫状,后期由于细菌入侵导致植株感染病害,如软腐病等。基质中带虫或虫卵,在高温高湿的环境下,植株根部不透气容易造成该害虫的大面积繁殖。

根粉蚧一般以防治为主,在扦插基质使用前应该彻底消毒。如发现根粉蚧可采用内吸性的药剂灌根。

(5)蓟马 蓟马属缨翅目,是一种靠吸食植物汁液维生的昆虫,进食时会造成叶子和花朵的损伤。被蓟马侵害的球兰花朵商品品质降低,并且容易出现黑斑而脱落。蓟马的防治以物理防治为主,当球兰开花时花朵分泌的蜜露极易吸引蓟马,可利用蓟马趋蓝色的习性放置蓝色粘板,有效诱杀成虫。

7. 观赏特点

球兰属于草质藤本植物,可供花架、花廊、绿门景观使用,开花时如同绣球般挂在门廊上。室内盆栽观赏:此属的植物叶片形态多样,花似伞形,是近年来越来越受人们欢迎的室内悬挂观赏植物,它既适于攀缘,又宜于吊挂,放在室内倍增典雅、恬静,是理想的装饰植物。

根据球兰的性状,可将球兰分为观叶型、观花型和观植株型三大类:

(1)观叶型　球兰属的叶片形态多样,有心形叶的心叶球兰(*H. cordata*),圆形叶的镜叶球兰,线形叶的线叶球兰和断叶球兰;叶面有洒金般美丽斑点的银粉球兰、章鱼球兰等;叶脉的纹路明显的椭圆球兰、菲赖逊球兰、淡味球兰等;叶片带有缟艺的厚冠球兰月影,贝拉球兰等。

(2)观花型　作为观赏的重点,球兰属的花无论在花色上还是花型上都变化丰富,其花上的附属物也让栽培者和观赏者感到新奇和喜爱。在花色上,有黄色花的;红色花的红花绿叶球兰、银粉球兰;白色花的三脉球兰、白花绿叶球兰;黑色花的球芯球兰;粉色花的拉金球兰、铃铛球兰等。在花型上可分为5大类,以砂糖球兰(*H. tsangii*)为代表的花瓣边缘向后卷的一类花型;以蜂出巢(*H. multiflora*)为代表的花瓣反折的一类花型;以景洪球兰(*H. chinghungensis*)为代表的呈正五角星形的一类花型;以大花球兰(*H. archboldiana*)为代表的形如杯子状的一类花型;以 *H. heuschkeliana* 为代表的形如烧卖状的一类花型。

(3)观植株型　球兰属植物在长期的演化过程中,植株形成了一些特异的形态。如与蚂蚁共生的蚁球球兰,其部分叶片在蚁酸的刺激下发生变态形成一个利于蚂蚁生活的空间;原产于菲律宾的龟壳球兰(*H. imbricata*)要数球兰中形态最奇特的球兰,绿色带有大理石般美丽银斑的盾状叶如瓦片状附着于其他植物的枝干而生,有时会被晒红,叶下的荫蔽处往往成为蚂蚁的乐园。

▓ 知识拓展

仙珍园 http://www.xianzhenyuan.cn/

 ## 模块四　凤梨科植物

凤梨科植物多为短茎附生草本,有44～46属,2 000余种,是一个大科,原产于美洲热带地区,本科除了有著名的热带水果菠萝外,还有许多种供室内盆栽观赏凤梨。由于该科植物生长环境多变,演化出了多种形态,以及区别于大多数植物生长方式的种类,如积水凤梨亚科(Bromelioideae)下的各个属;铁兰属(*Tillandsia*)下的各种凤梨等。

一、铁兰属（*Tillandsia*）

铁兰属（*Tillandsia*）原产于墨西哥北部到美国东南部、中美洲地区及加勒比地区到阿根廷中部，全属约有 650 种。这个属的植物也可以统称为空气凤梨，是目前已知地球上唯一完全不需要栽培基质，只需要吸收空气中的水分和养分而生长的植物，植株叶片上覆盖着能够快速吸收空气中水分的特殊细胞，整个植株或多或少的呈现出银白色。铁兰属植物的根系主要起着固定植株的作用，主要吸收水分和养分的部位是植株叶片上的银白色鳞毛。

空气凤梨不用栽培基质即可生长茂盛，主要的观赏部位在植株上。由于空气凤梨的品种繁多，形态多变，植株的叶片在大温差下，或降温等情况影响下，会呈现出多变的颜色，既能赏叶，又可观花，有着很高的观赏价值。同时，由于空气凤梨无须栽培基质，因此相对于其他花卉，它比较干净和容易照顾，是快节奏生活中兼顾绿化居室、美化环境、增添趣味性的首选，因此近年来有越来越多的爱好者进行种植。

（一）松萝（*Tillandsia usneoides*）

1. 生物学特征

本种的茎及叶片细长，卷曲伸长生长，在原生地处处可见本种悬挂于高树枝、栅栏篱笆、电线上或任何可以悬挂的地方，它可以长到超过 10 m，会开出带有些淡蓝色调的绿色小花，在傍晚时，会传出阵阵花香。

2. 物种信息（原产地信息）

分布于美国西南部、智利到中阿根廷，从平地到海拔 800 m。当地为潮湿、温暖的热带气候，有长而炎热、多雨的夏季，冬季短并且不会有过低的温度出现。

3. 栽培方式和方法

松萝几乎不会生长出根系，主要靠植株缠绕树枝进行固定。叶片上长有会吸水的细毛，叶面的鳞片状组织能够吸收雨水或吸收空气中的湿气，是真正吸收水和养分的器官。

松萝凤梨是直接生长于空气之中，而无须任何土壤等培养基质的气生类植物，这也构成了它的最大观赏特色。日常养护也十分方便、简单，间隔数日向其喷水及保持适当的空气湿度即可。既可生长于户外，亦可以悬挂于办公室等室内环境下。

可用铁丝竹条等韧性材料弯成带钩的圆圈,在凤梨、铁兰成株上截取数段,悬挂于圈上即可;亦可以直接缠挂在木本植物、花卉或竹类等多年生植物的枝条上;即使悬挂于住宅或办公室类的各种支架物上,亦可正常生长。华南以北地区种植,为避免受到严寒冻伤,冬季应置于室内养护。

4. 繁殖方法

松萝大多是通过分株方式进行繁殖,每一节植株都可以繁殖,在水分、温度适宜的情况下,松萝可以周年生长。

(二)霸王(*Tillandsia xerographica*)

霸王原产自墨西哥、萨尔瓦多、危地马拉及洪都拉斯等地,分布在海拔 140～600 m,年降水量只有 500～800 mm 的干旱疏林中,常见生长在高处的枝干上。

1. 生物学特性

霸王无茎,拥有宽阔的带状叶子,叶片厚实,被明显的白色鳞片覆盖,使其表面呈银灰色,向外卷曲,叶片基部有一宽阔的叶鞘,逐渐变窄成叶尖。在缺水时,叶端会向内弯曲扭转,使整个植株呈现圆球状,成熟的霸王植株直径可达 1 m 以上,巨大的叶丛会从中心抽出高达 1 m 的华丽花序。

2. 栽培方法

霸王不是每年开花,花期多集中在冬季,强光下栽培,有助于抽花序。6 月下旬有花苞出现,复穗状花序,花序轴一直伸出生长直至 8 月中旬,长 20～30 cm。8 月中旬花葶变红,内部叶片微红,花开放。花瓣 3 片,呈筒状,除上部为淡紫色外其余均为灰白色,花丝紫色,花药黄色,花柱与柱头均为浅绿色。单朵花花期短,约 3 d,整个花序花期很长,约 20 d。

霸王十分耐旱,基部叶鞘处可储水的方式,对抗干旱的不良环境。吊挂、盆栽或附植皆可,雨季时易长出大量的根系,可待雨季时进行板植或盆栽作业,以利根系的攀附。间隔数日向其喷水及保持适当的空气湿度即可,华南以北地区种植,为避免受到严寒冻伤,冬季应置于室内养护。

(三)树猴(*Tillandsia duratii*)

树猴是欧洲引入的第一种空气凤梨,它的名称"Durat"来自意大利文。主要分布于西玻利维亚、东巴拉圭、乌拉圭至阿根廷中部的干燥地区。海拔高度在 200～3 500 m,而其族群也广泛分布在阿根廷及巴西境内的安第斯山脉的树林顶层,是当地最优势的空气凤梨种类。

树猴的叶横切面呈现三角形,下位叶呈现卷曲形态,这种形态可帮助植株攀附于树枝或是灌木丛的枝条上,以固定树猴植株本身。当老叶枯干时,就会紧紧地卷在树枝上,把植株牢牢固定。随着树枝的生长方向,树猴也顺着阳光的方向生长,因此在原生地,树林的顶层常被大量的树猴覆盖。野生的树猴通常形体很巨大,茎的直径可达 4 cm。人工栽培下的小型植株通常能抽出约 20 cm 的花序,而大的植株(高于 30 cm)则会抽出长约 40 cm 的花序。

在高光度及充足的水分下,通常可以快速成长,株体也会变得巨大。管理也较为简单,间隔数日向其喷水及保持适当的空气湿度即可,华南以北地区种植,为避免受到严寒冻伤,冬季应置于室内养护。

(四)犀牛角（ *Tillandsia seleriana* ）

分布于墨西哥南部至中美洲萨尔瓦多、危地马拉的松林或橡木林,海拔约 800 m 处,原生地雾气重,潮湿。犀牛角属于蚁栖植物,在原产地有与蚂蚁共生的特性。植株的壶形的茎膨大如球,圆锥形的叶片紧密地包覆壶状茎,叶片边缘紧贴植株,中部隆起在内部形成空腔,中空球状构造有利于吸引蚂蚁前来进行共生。

犀牛角株高可达 20 cm,并于植株顶端聚集,让整个植株看来如同一个小型的大头圆白菜。叶片颜色为灰绿色,植株表皮粗糙,复有大型的银白色鳞片。开花时,抽出桃红色的花梗及苞片,花朵为紫色管状花。光照及湿度充足时,花苞及花朵的颜色会较饱满。

(五)电烫卷（ *Tillandsia streptophylla* ）

电烫卷原产墨西哥、危地马拉、牙买加及洪都拉斯。喜好高光量,水分多,植株会加速生长,但叶子会因伸展而减少卷曲的状态。

当它位于略阴暗处,及水分足够的地方时,叶片亦会伸长而不卷曲。因此,它生长的情况及叶片的卷曲受水分的影响很大,管理也较为简单,间隔数日向其喷水及保持适当的空气湿度即可。华南以北地区种植,为避免受到严寒冻伤,冬季应置于室内养护。

(六)精灵（ *Tillandsia ionantha* ）

精灵原生分布于墨西哥到尼加拉瓜的树上或石头上,海拔 200～600 m,具有绿色的莲座形叶序,叶片上带有细小的灰色片,植株高5～10 cm,有许多变种,因品种不同而在不同季节开花,花多为艳紫色。依种类和环境的不同,近花期叶片会变成红色、白色、黄色或不变色等。

日照需求由全日照至间接明亮的环境。可将其固定于树皮上种植,以喷雾的方式给水,施肥管理也较为简单,间隔数日向其喷施叶面肥及保持适当的空气湿度即可。华南以北地区种植,为避免受到严寒冻伤,冬季应置于室内养护。

二、积水凤梨亚科(Bromelioideae)

积水凤梨亚科(Bromelioideae)是最为常见的园艺凤梨种类,有31个属,是园艺品种最多的凤梨亚科。积水凤梨亚科观赏性强,积水凤梨多为附生型植物,根系不大主要起固定植株的作用,吸收营养和水分的作用微乎其微。叶子多积聚成可以积蓄水的杯形凹槽,这就是"积水凤梨"名称的由来。在原产地,这些积蓄满水的凹槽就是箭毒蛙的繁殖场所。

(一)光萼荷属(*Aechmea*)

光萼荷属,园艺市场上也叫蜻蜓凤梨,主要分布于中、南美洲的热带雨林地区,大部分为附生植物。原生品种约有250种。据美国佛罗里达州凤梨协会统计,目前光萼荷属约有500个观赏品种。光萼荷属植物的形态变异丰富,特别是在花型、花色、株型等方面多样性非常丰富,是培育优异观赏凤梨新品种的重要亲本来源。由于光萼荷属具有奇特的圆锥状、穗状或肉穗状花序,花色艳丽,观赏价值很高,目前已经成为观赏凤梨的重要栽培类群之一。

1. 生物学特征

光萼荷属为凤梨科多年生附生草本,也可陆生。原产中美洲和南美洲的热带和亚热带地区。喜温和及光线充足的环境,生长适温为18～22℃,叶狭长,叶缘光滑或带刺,叶片莲座状丛生。叶面常有诱人的斑点或条纹。顶生的花序自叶丛中抽出。

2. 栽培方法

开花后的老植株的基部会长出小植株,待其长到一定的大小时即可分栽。盆栽用土为泥炭土与珍珠岩各半混合。生长季节大量浇水,但盆土含水量不能饱和,莲座状的漏斗中可以有水,每月浇施一次肥水,也可以向叶面喷洒营养液。休眠季节漏斗里不宜存水。要求相对的空气湿度为50%～60%。光萼荷属喜光但又怕强光直射,因此室内应有充足的散射光,注意避免夏季的强光直射或暴晒,冬季可以不遮阴。越冬温度为不低于15℃。常受到蚧壳虫和枯萎病的危害。

（二）水塔花属（*Billbergia*）

水塔花(*Billbergia pyramidalis* Lindl.)是凤梨科多年生常绿草本多浆植物,原产美洲热带,附生在热带森林的树上或腐殖质中。喜温暖、湿润、半阴环境、不耐寒、稍耐旱。

水塔花茎甚短,叶阔披针形、急尖、边缘有细锯齿、硬革质、鲜绿色、表面有厚角质层和吸收鳞片。顶生的花序直立,高出叶丛,苞片粉红色,花冠朱红色,花瓣外卷,边缘带紫色。多于冬春季开花。叶片革质;青翠而光泽,丛生成莲座状,端庄秀丽;叶基部相互抱合,使植株中心成筒状,内可盛水而不漏,状似水塔,故得名"水塔花"。

水塔花喜温暖潮湿、半阴环境,宜于疏松、肥沃且排水良好的基质生长。生长适温为18～22℃,越冬温度8～12℃。分株或播种繁殖。分株主要是分割蘖芽。人工栽培多选用泥炭土、椰壳粒。生长期要求充足肥水,一般情况每半月施用一次稀薄有机液肥。平时需保证较高的空气湿度。

（三）五彩凤梨属（*Neoregelia*）

五彩凤梨属,也叫彩叶凤梨、贞凤梨、赪凤梨。原产于巴西热带雨林地区,大部分为附生植物。属凤梨科多年生常绿草本。株高25～30 cm,茎短。叶革质,带状,常基生,莲座式排列,叶缘有锯齿。叶面常有乳白至乳黄色纵纹,基部丛生成筒状。常有盾状具柄的吸收水分的鳞片,叶上面凹陷,基部常呈鞘状,雨水沿叶面流入由叶鞘形成的贮水器中。花两性,少单性,辐射对称或稍两侧对称,花序为顶生的穗状花序;苞片常显著而具鲜艳的色彩,鸟媒、虫媒和蝙蝠媒,很少为风媒或闭花受精。开花时内轮叶的下半部或全叶片变成鲜红色,小花蓝紫色,隐藏于叶筒中。

五彩凤梨喜温暖潮湿、半阴环境,宜于疏松、肥沃且排水良好的基质生长。生长适温为18～25℃,越冬温度10～12℃。分株或播种繁殖,分株主要是分割蘖芽。人工栽培多选用泥炭土,椰壳粒。生长期要求充足肥水,平时需保证较高的空气湿度。

（四）莺歌凤梨属（*Vriesea*）

原产于南美洲的热带地区。为小型附生种,叶长约20 cm,宽约1.5 cm,带状,薄肉质;叶色鲜绿、平滑、富有光泽,叶丛中央抽出花梗,花梗上密贴淡绿色、平滑、富有光泽,叶丛生。复穗状花序,花细小,直立,自叶丛中抽生。花苞基部艳红,端部黄绿色或嫩黄色。花苞片 2 列排成扁穗状,外形尤似莺歌鸟的羽毛。花期冬春季,长达 1 个月左右。

莺歌凤梨喜高温、湿润、半阴的生长习惯,喜高温多湿的气候和光照充足的环境。稍耐阴,有一定的耐寒、耐旱能力,忌烈日曝晒。适宜生长在肥沃、湿润、疏松和排水良好的基质中。

知识拓展

Air plant city　　https://www.airplantcity.com/pages/air-plant-care

 ## 模块五　蕨类植物

蕨类植物是高等植物中比种子植物低级的一个类群,多数为草本,少数为木本。全世界蕨类植物约有 12 000 种,我国占其中的 22%,其中西南、华南地区是亚洲、也是世界蕨类植物的分布中心之一。

种类繁多的蕨类植物用于观赏的种类并不算多,常见的如铁线莲、肾蕨、鸟巢蕨、凤尾蕨等,随着观赏园艺市场的不断扩大,人们对观赏植物的种类要求越来越多,蕨类植物作为观叶植物的一大类,也出现了许多新的类型。特别是东南亚地区植物的引入,让我国蕨类观赏植物的种类得到了进一步的扩大。

一、石松科(Lycopodiaceae)

石松科植物在我国是传统的中药材,但在东南亚地区,特别是泰国、老挝等国家,石松科的部分植物已经进入园艺市场,作为具有东南亚风情的特色植物使用。随着我国"一带一路"的推进建设,以及广西与东盟国家的交往密切,这类型植物也被引入我国,并进入园艺市场。

马尾杉属(*Phlegmariurus*)

1. 物种信息及生物学特性

(1)马尾杉(*Phlegmariurus phlegmaria*)　　马尾杉为石松科马尾杉属的植物,属于中型附生蕨类植物,为我国马尾杉属的代表植物。茎簇生,枝条柔软细长下垂,长15～60 cm。叶近革质,螺旋状排列,6～8 行,接近或疏离,斜展,有短柄,三角形至披针形。孢子囊穗与植株的不育下部有明显差别,囊穗细长(有时线形),下垂,往往多回二歧分枝。

马尾杉在国内外均有分布。国内主要分布于台湾、广东、广西、海南、云南。国外分布于日本、泰国、印度、越南、老挝、柬埔寨及大洋洲、南美洲、非洲的热带地区。附生于海拔 100～2 400 m 的林下树干或岩石上。

(2)粗糙马尾杉(*Phlegmariurus squarrosa*) 主要产云南、台湾及西藏南部。附生于海拔 600～1 900 m 的林下树干或土生。印度、尼泊尔、缅甸、泰国、越南、老挝、柬埔寨,孟加拉国、斯里兰卡、马来西亚、菲律宾、波利尼西亚、马达加斯加及太平洋地区等有分布。模式标本采自西喜马拉雅。是我国马尾杉属中体型最大的种类,其枝、孢子囊穗都较粗壮,孢子叶则为卵状披针形。

(3)蓝石杉(*Phlegmariurus goebelii*) 原产马来半岛,印度尼西亚,新几内亚等地,附生于海拔 800～2 000 m 的林下树干生。茎簇生,枝条细长下垂,长 15～60 cm,枝有沟。叶近革质,螺旋状排列,6～8 行,接近或疏离,斜展,有短柄,三角形至披针形。叶片深绿色,在弱光线环境下会呈现蓝灰色。

2. 栽培方式

现人工栽培的石松科植物通常以悬挂栽培的方式进行栽培。

3. 栽培方法

基质多用附生植物专用基质,如泥炭、水苔、椰壳、树皮等。栽培适宜温度在10～30℃,喜通风良好与湿度较高的环境。夏季高温时应避免阳光直射,原产于我国的石松科植物在夏季高温时需要加大遮光量,并于每日早晚喷雾以利于安全度夏。繁殖以分株繁殖为主。

4. 病虫害发生特点及防治方法

(1)灰霉病 主要危害植株的茎和叶。发病茎叶呈水浸状腐烂,严重时整株枯死。防治方法是提高室内温度,注意通风透光,降低湿度,定期喷药,以预防为主。一旦发现病害,应立即用50％多菌灵500倍液或70％代森锰锌500倍液喷雾,7～10 d 1 次,连续 2～3 d,注意交替用药,以防产生抗药性。

(2)立枯病 发病植株叶片绿色枯死,而茎干下部腐烂,呈立枯状。发病初期病株生长停顿,缺少生机。然后出现枯萎,叶片下垂,最后枯死。病株根茎处变细,出现褐色、水浸状腐烂。潮湿时,自然状态下病斑处也会产生蛛丝状褐色丝体。防治方法是选择充分消毒的培养土和腐熟的肥料配制盆土,忌积水。发现死苗应及时同盆土一并倒掉。上盆定植后,每隔 10 d 喷 20％甲基立枯磷乳油 1 500 倍液,或用 50％克菌丹可湿性粉剂或 50％福美双可湿性粉剂 500 倍液浇灌。

二、瓶尔小草科（Ophioglossaceae）

带状瓶尔小草（*Ophioderma pendula*）

带状瓶尔小草,也称昆布兰、蛇蕨,属于蕨类植物门、真蕨亚门、蕨纲、厚囊蕨亚纲、瓶尔小草目、瓶尔小草科的一种植物。

1. 生物学特征

根状茎短而有很多的肉质粗根。叶 1～3 片,下垂如带状,往往为披针形,长达 30～150 cm,宽 1～3 cm,无明显的柄,单叶或顶部二分叉,质厚,肉质,无中脉,小脉多少可见,网状,网眼为六角形而稍长,斜列。孢子囊穗长 5～15 cm,宽约 5 mm,具较短的柄,生于营养叶的近基部处或中部,从不超过叶片的长,孢子囊多数,每侧 40～200 个,孢子四边形,无色或淡乳黄色,透明。植株高 12～26 cm,根状茎短而直立,有一簇肉质粗根,叶通常单生,总柄长 9～22 cm,深埋土中,营养叶从总柄基部以上 6～9 cm 处生出,无柄,微肉质至草质,卵形或椭圆形,叶脉网状,孢子囊穗自总柄顶端生出,有 6～17 cm 长的柄,远远超出营养叶,顶端有小突尖。

它喜生于气温低、湿度大的山地草坡或温泉附近,并具有喜湿和耐瘠薄等特性,适应性强,石砾地或岩石缝也能生长。

2. 物种信息

带状瓶尔小草产于我国广西、台湾、海南等省区,在澳大利亚、印度尼西亚、夏威夷等地也有分布。附生雨林中树干上。

3. 栽培方式方法

带状瓶尔小草通常都是以倒挂或附木栽培的方式进行栽培。基质多用附生植物专用基质,如泥炭、水台、椰壳、树皮等。栽培适宜温度在 10～30℃,喜通风良好与湿度较高的环境,夏季高温时应避免阳光直射。

4. 繁殖方法

繁殖方式有孢子繁殖、分株繁殖。

5. 病害防治

栽培中常见的有灰霉病和立枯病。

(1)灰霉病　主要危害植株的茎和叶。发病茎叶呈水浸状腐烂,严重时整株枯死。防治方法是提高室内温度,注意通风透光,降低湿度,定期喷药,以预防为主。一旦发现病害,应立即用50%多菌灵500倍液或70%代森锰锌500倍液喷雾,7～10 d 1次,连续2～3 d,注意交替用药,以防产生抗药性。

（2）立枯病　发病植株叶片绿色枯死,而茎干下部腐烂,呈立枯状。发病初期病株生长停顿,缺少生机。然后出现枯萎,叶片下垂,最后枯死。病株根茎处变细,出现褐色、水浸状腐烂。潮湿时,自然状态下病斑处也会产生蛛丝状褐色丝体。防治方法是选择充分消毒的培养土和腐熟的肥料作为盆土,忌积水。发现死苗应及时同盆土一并倒掉。上盆定植后,每隔10 d喷20%甲基立枯磷乳油1 500倍液,或用50%克菌丹可湿性粉剂或50%福美双可湿性粉剂500倍液浇灌。

6. 观赏特点

带状瓶尔小草多数以倒垂生长为主,悬挂栽培或附树栽培时长达2米的倒垂叶片观赏价值极高。

三、水龙骨科（Polypodiaceae）

鹿角蕨属（*Platycerium*）

目前全球已知鹿角蕨原生种有18种,原产于泰国、马来西亚、菲律宾、澳大利亚、马达加斯加以及南美等地区。鹿角蕨是蕨类植物的"王者",是目前已知的体积最大的蕨类植物之一。

1. 生物学特性

以基部盾形营养叶固着在高大乔上,孢子叶直立或下垂。常附生在以毛麻楝、楹树、垂枝榕等为主体的季雨林树干和枝条上,也可附生在林缘、疏林的树干、枯立木或长满苔藓的峭壁上。

是典型的热带雨林附生蕨类,分布海拔210～950 m。我国仅有一种分布即瓦氏鹿角蕨（*P. wallichii*）野外分布于云南。目前常用于观赏的有二歧鹿角蕨（*P. bifurcatum*）、象耳鹿角蕨（*P. elephantoris*）、巨大鹿角蕨（*P. superbum*）、女王鹿角蕨（*P. wandae*）皇冠鹿角蕨（*P. coronarium*）等多个原生种及杂交种。

喜温暖阴湿的自然环境,冬季温度不低于10℃,部分种类能耐短时间−5℃低温。生长适温为16～21℃。鹿角蕨基部营养叶下的蕨根以树表或岩石表面的腐殖质或不育叶聚积的落叶、尘土等物质维生。每年生长季,在短茎顶端上长出新的营养叶及孢子叶各2片,上一年的营养叶在当年就枯萎腐烂,而孢子叶至第二年春季才逐渐干枯脱落。

(1)二歧鹿角蕨(*P. bifurcatum*) 多芽型,原产于澳大利亚东部及新几内亚,是早期引进、栽培历史最久的鹿角蕨,在观赏园艺市场中最常见到,栽培适应性好。经人工栽培多年、大量繁殖后挑选出不少园艺品种。其营养叶浅裂,于春夏间褐化,孢子叶向上成长,尖端分叉,易生侧芽。在华南地区可以露天栽培,可耐近 0℃ 的低温。

(2)皇冠鹿角蕨(*P. coronarium*) 多芽型,原产于中南半岛、马来半岛、婆罗洲北部、菲律宾、印度尼西亚的苏门答腊岛至爪哇西部等地,是分布最广的鹿角蕨之一。名称有着"皇冠"之意,营养叶厚、高大,向上生长,顶部分裂形如皇冠。孢子叶两片下垂生长,从中部开始分裂,尾部略卷曲,叶片长可达 2~3 m。孢子囊斑着生于汤瓢形的小裂片上。不耐寒,冬季 15℃ 以下有冻伤的危险,华南地区不能露天栽培。

(3)女王鹿角蕨(*P. wandae*) 单芽型,产于印度尼西亚到巴布亚新几内的雨林中,是体积最大的鹿角蕨。营养叶高耸直立,分叉而紧密,成株展开后可达 2 m,具有很强的观赏性。孢子叶自第一分叉后呈现一长一短的不对称叶型,与何其美鹿角蕨近似,但上扬的短叶分叉两端下垂生长后,不再继续像何其美鹿角蕨的短分叉生长。但仅能通过孢子繁殖,早期小苗成长速度慢,幼年期长,但在小株即可长出孢子叶。近成株其生长非常快速。最低耐温 10℃,在 18℃ 以上生长良好。

(4)圆盾鹿角蕨(*P. alcicorne*) 多芽型,原产于非洲东部及马达加斯加岛。产于非洲的叶偏黄绿色,显得蜡质近乎无毛;产于马达加斯加岛的,叶片偏深绿色,密被银白色短毛。其营养叶近圆形似盾牌,因此而得名,孢子叶向上生长。在华南地区适应性较好,可耐短时间低温耐寒至 5℃。

(5)象耳鹿角蕨(*P. elephantotis*) 多芽型,原产于非洲中部,赤道附近,海拔 200~1 500 m。营养叶及孢子叶成扇形,孢子叶不分叉,形似象耳,因此得名。植株较大,可达 1.0~1.5 m。通常营养叶过冬后,春末褐化枯萎,于夏末初秋再度成长,而孢子叶于秋冬枯萎,翌年春天成长,生长期与营养叶明显错开,呈现明显周期。生长适温为 20~30℃,冬季不耐低温,气温低于 15℃,需控水栽培,长时间低于 10℃,有冻伤风险。

(6)壮丽鹿角蕨(*P. grande*) 单芽型,分布于菲律宾,民答那峨岛为主要产地,海拔 0~500 m。营养叶高大,上缘有深裂,孢子叶宽大于分叉、对称,形态上与澳大利亚产的巨大鹿角蕨(*P. superbum*)类似,区别是壮丽鹿角蕨单叶具两块孢子囊,而巨大鹿角蕨单叶具一块孢子囊。可耐15℃的低温。

(7)巨大鹿角蕨(*P. superbum*)　单芽型,也称巨兽鹿角蕨,产于澳大利亚东岸,海拔0~750 m。植株高大,营养叶高耸朝前大幅度展开,具深裂,上缘朝前,后面可收集落叶及雨水,高可达1 m以上。孢子叶于第一分叉处大角度展开,于一左一右再继续向下延伸分叉成长,于叶尖再行小分叉,叶长1~2 m,每年长2~4片叶。孢子囊斑呈椭圆形至三角形,则位于第一分叉处着生。华南地区栽培夏季稍怕热,在温度高于35℃时植株生长缓慢,可耐15℃低温。

(8)何其美鹿角蕨(*P. holttumii*)　单芽型,产于马来半岛中部、缅甸、泰国及零星分布在越南南部的大型种,海拔0~700 m。营养叶高大,上缘深裂锯齿状,但近芽处无锯齿。孢子叶较短,分叉少呈楔形,于第一分叉成一长一短的不对称叶型,小的上扬,大的下垂,两裂片都可长孢子囊斑。生长缓慢,耐低温15℃。

(9)深绿鹿角蕨(*P. hillii*)　多芽型,产于巴布亚新几内亚及澳大利亚东北。植株秀丽,与二歧鹿角蕨形似,区别在于营养叶叶缘光滑,无波浪边,孢子叶顶端分叉裂片较短,华南地区栽培可耐5℃低温。

(10)马来鹿角蕨(*P. ridleyi*)　单芽型,又名亚洲猴脑鹿角蕨,原产马来半岛、加里曼丹岛北部及苏门答腊岛的中部。是著名的蚁栖植物,营养叶圆形包覆而不上扬,具放射状隆起的叶脉,为蚂蚁提供保护所。孢子叶短而上扬,孢子囊着生于汤瓢形的小裂片上,如同皇冠鹿角蕨。不耐低温,气温低于15℃,有冻伤风险。

(11)马达加斯加鹿角蕨(*P. madagascariense*)　多芽型,又名非洲猴脑鹿角蕨,产于马达加斯加岛的中部森林,海拔300~700 m。全株深绿色,营养叶圆形,具明显的网格状隆起的叶脉。孢子叶上扬,一或二回分叉,宽而浅裂。孢子囊斑着生于叶尖处。生境特殊,夏季不耐高温,性喜凉爽,冬季不耐低温。栽培有难度。

(12)立叶鹿角蕨(*P. veitchii*)　多芽型,产于澳大利亚东部。成株营养叶上方呈狭长的指状分叉。孢子叶上扬生长,直立。有两种形态的个体,绿叶个体植株深绿色,无毛;银叶个体植株密被银白色短毛。耐旱性佳,喜强光,容易栽培。最低耐温15℃。

(13)瓦氏鹿角蕨(*P. wallichii*)　单芽型,又名印度鹿角蕨,是我国唯一有分布的鹿角蕨,国家二级保护植物。产于泰北延伸至缅甸、印度北部及中国云南省南部,分布地区非常零星。营养叶高大而开展,上缘多圆形裂片,有时全部褐化。孢子叶宽大,浅裂成不对称分岔,呈伞形展开,叶脉明显,叶面正反面均可见明显短毛,主裂片分叉处有孢子囊斑向外伸长。容易栽培,营养叶略软,须避免强风吹损。华南地区栽培,冬季会休眠,休眠时孢子叶卷曲、皱缩,春天生长季节恢复原貌。

(14)爪哇鹿角蕨(*P. willinckii*)　多芽型,又名长叶鹿角蕨,主产地为印度尼西亚爪哇岛。营养叶高而具深的齿裂,顶端再浅裂分岔,孢子叶柄长,常往下生长,正反面均分布明显的白色星状毛,以新生叶片尤其明显,成株孢子叶往往可长达1.5 m。分株及孢子繁殖。成长快速,外形极适合庭院造景,耐寒至5℃。

(15)三角鹿角蕨(*P. stemaria*)　多芽型,又名三角叶鹿角蕨、西非鹿角蕨,产于非洲中西部,海拔0~1 000 m,营养叶宽而高大,无齿裂成波浪状,夏天绿色秋天转为棕色。孢子叶宽,短而亮,叶被密生短毛,叶分叉两次。孢子囊斑着生于第二分叉处,成熟时暗褐色。栽培时较喜弱光、多湿、通风良好处,最低耐温18℃。

(16)肾形鹿角蕨(*P. ellisii*)　多芽型,又名爱丽丝鹿角蕨,产于马达加斯加岛的东岸,分布甚为狭隘。叶形并无太大的特色,与非洲产的圆盾鹿角蕨十分类似,具圆形盾状叶,主要区别为肾形鹿角蕨孢子叶较宽且于近顶端处分成两裂。营养叶肉厚,圆形包覆并不分裂上扬。孢子叶直立,一般只有二分叉,孢子囊斑着生于分叉处布满于叶间,此时孢子叶宽大如长肾形。夏季不耐高温,高于30℃植株生长缓慢,最低耐温15℃。

(17)安第斯鹿角蕨(*P. andinum*)　多芽型,也叫美洲鹿角蕨,是目前已知鹿角蕨属唯一分布在美洲的品种,主产于靠近秘鲁一侧的安第斯山脉,零星分布于秘鲁和玻利维亚,产地非常狭隘。是目前栽培资料最少的鹿角蕨之一,原生环境也日渐稀少。其营养叶分叉上扬,孢子叶可长至1.8 m左右,全株密生短毛,容易辨认。孢子囊斑位于第二分叉处,呈暗褐色。最低耐温至15℃。

(18)四叉鹿角蕨(*P. quadridichotomum*)　多芽型,产于马达加斯加岛的西部、北部,营养叶高而具浅裂,于旱季枯萎,每年形成数片。是目前栽培资料最少的鹿角蕨之一。孢子叶窄而下垂,叶色绿,叶缘略具波浪,叶表零星白色短毛,叶背则披浓密褐色短毛,孢子囊斑位于第二分叉处,呈暗褐色,与安第斯鹿角蕨相似,最低限温为18℃。其遇旱季全株干枯,孢子叶卷缩来减少水分蒸散佚失,休眠可达6个月以上。可分株拆芽繁殖。

目前这18种鹿角蕨,除了台湾、香港地区有较多的爱好者引进之外,在我国得到大量引种栽培的只有二歧鹿角蕨,我国有少数爱好者已经尝试栽培部分鹿角蕨品种,也取得了较好的景观效果,国内几家比较大型的植物园如华南植物园、上海辰山植物园、西双版纳植物园等也正在尝试引种栽培鹿角蕨。形态优雅、婀娜多姿的蕨类中的王冠,正被越来越多的人喜爱,相信不久的将来会得到更多的栽培和应用。

2.栽培方式

根据鹿角蕨的生长习性,可用盆栽和附生栽培的方式进行种植。可选用的栽培基质有水苔、椰壳粒、泥炭等。

3.栽培方法

鹿角蕨为附生植物,在原产地常附生于树干分枝上、树皮干裂处或生长于浅薄的腐叶土和石块上。喜温暖阴湿的自然环境,有一定的耐旱力。

(1)盆栽基质　可以用泥炭与珍珠岩以3∶1的比例混合作为基质,家庭种植的,也可加入适当腐叶土和锯木屑等,基质表面盖上苔藓,喷水保湿,放在温暖、半阴并且通风的地方。

(2)附生栽培　将鹿角蕨植株贴生在蛇木板上,具体方法是:用苔藓、少量泥炭或腐叶土作为基质,将营养叶的基部绑缚在蛇木板上,垂挂于阴湿处,待其长出新叶后,逐渐去其绑缚物,悬挂在能见到散射光的天花板下或书架上,作为壁挂装饰更能产生丛林的观赏效果。要尽量避免用手触摸鹿角蕨,否则其叶面的白色绒毛易脱落。每年春季需补充泥炭和苔藓。当鹿角蕨的营养叶生长过密时,可结合分株繁殖加以调整,以利新孢子体的生长发育。

(3)温度、光照要求　不同种类的鹿角蕨对温度的要求不一样,大多数种类生长适温为20～25℃,由于产地均为热带、亚热带地区,冬季最好不低于5℃,部分种类能耐短时间−5℃低温,但要保持适当干燥。

鹿角蕨喜潮湿半阴环境,除了立叶鹿角蕨外,其余种类忌射阳光,要避免强光照射和干热风吹袭。夏秋季应遮光50%～70%,冬春季遮光30%比较适合。夏季室外养护,可吊放荫棚下,同时注意经常向叶面喷水,要避免烈日暴晒,以免叶片黄化、灼伤,影响鹿角蕨的观赏价值。冬季在长江流域以北地区需在室内或日光温室栽培。

(4)水肥要求　由于鹿角蕨叶片巨大,因此对水分需求量较高,尤其在夏季生长旺期,要经常用湿雾喷洒叶面,以保持栽培环境有较高的空气湿度,有利于营养叶和孢子叶的生长发育。为了增加叶片的美观,可在生长期,每月1～2次喷施稀释饼肥水或氮钾混合化肥,或于叶面喷洒速效性稀尿素,以保持叶片嫩绿、肥厚。如果盆土出现板结,可将植株连盆浸泡在水中,待盆土吸足水再拿出,如水中加入少量肥料,使浇水施肥结合,效果更佳。在冬季休眠期,鹿角蕨生长缓慢,必须放室内养护,此时应控制浇水量,一般情况下仅保持盆土湿润即可。鹿角蕨在稍干燥状态下更能安全越冬。

4. 繁殖方法

鹿角蕨主要采用组织培养、孢子繁殖和分株繁殖等方式。单芽型的种类只能通过孢子繁殖，如巨大鹿角蕨、何其美鹿角蕨、女王鹿角蕨等；其他的品种，因易于产生侧芽，也可以通过分株进行繁殖，如象耳鹿角蕨、美洲鹿角蕨、爪哇鹿角蕨和象耳鹿角蕨等。

(1)分株繁殖　生长成熟的鹿角蕨在基部会长出许多小的萌蘖，待其长至6～10 cm时，可将之从母株剥离，培养成单独的植株。

分株繁殖全年均可进行，但以每年春季为好，成活率高，生长恢复快。具体方法是：预先准备好盆壁上钻有若干孔的盆钵，也可用蛇木板、枯木树枝、木制和铁制的篮架等。然后用水苔或少量腐叶土将孔口或篮架空隙填好，不宜过厚，以利排水和营养叶的生长发育。盆中放进腐叶土、河沙、壤土等量的混合土。同时，选择健壮的鹿角蕨分蘖苗，用利刀沿盾状的营养叶底部和四周轻轻切开，带上吸根栽进盆或篮中，并盖上苔藓保湿，注意不要覆盖住基部盾形蕨叶。如贴植于枯木或板面，需用细铁丝或棕绳缚扎牢，放遮阴处，经常喷水保持较高的空气湿度，当营养叶中长出新的孢子叶后才能松绑，再根据应用要求，放入竹筐、木器、藤篮或铁丝篮等容器中悬挂，容器底部可以铺盖消毒过的椰棕或棕榈皮。

(2)孢子繁殖　成熟的鹿角蕨在生殖季节，可育叶的背面会长出一些棕色的凸起颗粒，这些棕色凸起就是鹿角蕨的孢子囊群。它们密集成片，由黄褐色毛绒所覆盖。孢子囊在鹿角蕨叶片上生长三四个月后成熟，然后会散出孢子。可收集散发的孢子，也可在孢子成熟后未散发前剪下孢子叶，用毛刷刷下毛绒，获得孢子。

播种孢子的常用基质是细泥炭，过筛后，以3∶1的比例与珍珠岩混合，消毒后放入干净的育苗盘中，压实，浸水槽中约半小时，待其吸足水分后取出，用于播种。将收集的成熟孢子均匀撒入育苗盘，盖上干净的玻璃板，用于保湿和避免空气中的尘埃杂菌进入。把育苗盘置于萌蔽处18～30℃的环境下。以二歧鹿角蕨为例，其孢子萌发较理想温度为20～26℃，在15℃以下的低温下孢子不易萌发，但36℃以上的温度、湿度过高时孢子萌发后原叶体生长不良，乃至死亡。

一般播后到长出绿色的原叶体需要60～70 d时间，这段时间里要保持湿度，在平时喷水过程中，必须保持水质清洁。喷水的压力要适当，以免盆土表面污染和冲刷，影响孢子的萌发。必要时把育苗盘置于水槽中由底部吸水，但要注意水质，切勿感染藻类。蕨类植物孢子萌发的适温范围与菌类孢子萌发相吻合，且菌类的蔓延速度更快,它们间的生存竞争可以导致观赏蕨孢子育苗的失败。控制菌类孢子衍生,是保证鹿角蕨孢子繁育的关键。

原叶体是蕨类植物的有性世代,也称配子体。细小鳞片状,薄薄的仅有几层细胞,却有了雌雄器官藏精器和藏卵器。这时受精作用主要依靠水进行。因此要经常用细喷雾器喷湿原叶体表面,促进受精形成合子。合子萌发后形成孢子体,孢子体幼苗长出 3~4 片叶后可以开始移栽,移栽过程中要注意保湿。

(3)组培繁殖　传统的分株繁殖方法繁殖系数低,不能在短期内获得大量小苗,而孢子播种在自然环境下成苗率不高,而且苗的品质参差不齐。组织快繁就成了商品化生产最佳的途径。目前国内研究较多为二歧鹿角蕨的组培。

5. 病虫害发生特点及防治方法

一般自然界中的鹿角蕨很少有病虫害。但人工种植鹿角蕨要防治真菌和细菌性病害,主要有叶斑病、立枯病和灰霉病。虫害主要有白粉虱、蚧壳虫和蛞蝓。

(1)叶斑病　危害孢子叶,主要症状是初发病时叶片出现小黑斑,逐渐扩大,严重时病斑相连以致全叶枯萎。可用 80％代森锰锌 500 倍液、65％代森锌可湿性粉剂 800 倍液,也可采用 50％多菌灵可湿性粉剂 600~1 200 倍液,或 70％甲基托布津可湿性粉剂 800~1 000 倍液喷施防治。

(2)立枯病和灰霉病　立枯病症状是茎干部呈立枯状腐烂,病斑处产生蛛丝状物,叶片绿色不变,软垂缺少生气。可采用 20％甲基立枯磷乳油 1 500 倍液或 50％克菌丹可湿性粉剂 500 倍液喷施。灰霉病症状是发病茎叶呈水浸状腐烂。可用 50％多菌灵 500 倍液或 65％代森锰锌 800 倍液喷雾,每 7~10 d 1 次。

(3)虫害　通风差时,有蚧壳虫和粉虱危害孢子叶或营养叶,要注意调节通风环境,控制叶面不要过湿,并经常检查叶片,蚧壳虫可用 40％氧化乐果乳剂 1 000 倍液或 50％马拉硫磷 1 000 倍液喷杀。白粉虱可用 2.5％阿克泰 4 000 倍液或 10％吡虫啉可湿性粉剂 3 000~5 000 倍液喷雾,每周 1 次,连续防治 3 次。注意交替用药。蛞蝓一般藏匿于植株的基部或花盆底部,常夜间活动,咬食嫩叶。可于夜间 10—11 点喷施 100 倍液的氨水杀灭,同时可以达到施肥的目的。

另外,放在室内的植株,夜间注意通风,可以有效防止和减轻病虫害的发生。

6. 观赏特点

鹿角形蕨叶奇特别致,是主要观赏部位,常用于室内、大厅和门廊的立体布置。鹿角蕨墙绿意盈盈、飘逸秀丽,以壮观的绿意吸引人。门廊上鹿角蕨悬挂盆栽所产生的飘逸感和叶形对比而产生的视觉差异,令人赏心悦目。

知识拓展

推荐书目：

张宪春.中国石松类和蕨类植物[M].北京：北京大学出版社，2012.

 模块六　球根及宿根植物

一、球根类植物

球根植物是指地下茎或根变态膨大形成球状的多年生草本花卉。全世界的球根花卉有两个主要原产地区。

一是以地中海沿岸为代表的冬季下雨地区，包括小亚细亚、好望角和美国加利福尼亚等地。这些地区秋、冬、春降雨，夏季干旱，从秋至春是生长季，是秋植球根花卉的主要原产地区。这类球根花卉秋天栽植，秋冬生长，春季开花，夏季休眠，较耐寒、喜凉爽气候而不耐炎热，有著名的郁金香、水仙、百合、风信子等。

另一是以南非（好望角除外）为代表的夏季下雨地区，包括中南美洲和北半球温带。此地区夏季降雨充沛，冬季干旱或寒冷，由春至秋为生长季。春季栽植，夏季开花，冬季休眠。此类球根花卉生长期要求较高温度，不耐寒。春植球根花卉一般在生长期（夏季）进行花芽分化；秋植球根花卉多在休眠期（夏季）进行花芽分化，此时提供适宜的环境条件，是提高开花数量和品质的重要措施。球根花卉多要求日照充足、不耐水湿（水生和湿生者除外），喜疏松肥沃、排水良好的沙壤土。

（一）朱顶红属（*Hippeastrumrutilum*）

朱顶红又名孤挺花，是朱顶红属（*Hippeastrumrutilum*）的统称，是石蒜科多年生草本。

1. 生物学特征及物种信息

朱顶红鳞茎近似球形，直径 5～8 cm，叶基生 6～8 枚，一般由花后抽出，鲜绿色，带形，长约 30 cm。花茎中空，高约 40 cm，颜色丰富，有红色、暗红色、粉色、橘色等，花期春季到夏季。

原产巴西，现杂交种众多，主要的育种国家有荷兰、日本、南非等。我国从2000 年以后开始大量的从荷兰等地引进朱顶红栽培品种。在华南地区可进行露天栽培。

朱顶红性喜温暖、湿润气候,生长适温为 18～25℃,适应性强,喜明亮的光线,可耐短时间的阳光直射。喜排水良好的基质,怕水涝。冬季休眠期,要求冷湿的气候,以 10～12℃ 为宜。若冬季土温度过高(超过 25℃),土壤湿度大,会导致朱顶红的茎叶生长旺盛,妨碍休眠,直接影响翌年正常开花。夏季避免强光长时间直射,冬季栽培需充足阳光。喜富含腐殖质、疏松、排水良好和 pH 为 5.5～6.5 的沙壤土。

朱顶红原生品种和园艺栽培品种常见的有 1000 多种,如红狮(Redlion),花深红色;大力神(Hercules),花橙红色;赖洛纳(Rilona),花淡橙红色;通信卫星(Telstar),大花种,花鲜红色;花之冠(FlowerRecord),花橙红色,具白色宽纵条纹;索维里琴(Souvereign),花橙色;智慧女神(Minerva),大花种,花红色,具白色花心;比科蒂(Picotee),花白色中透淡绿,边缘红色;拉斯维加斯(Las Vegas),为粉红与白色的双色品种;卡利默罗(Calimero),小花种,花鲜红色;艾米戈(Amigo),晚花种,花深红色,被认为是最佳盆栽品种;纳加诺(Nagano),花呈红色,具雪白花心等。

2. 栽培方式

可以采用露地栽培、盆栽和水培等方式栽培。栽培基质宜选用排水良好,透气性佳的基质,如泥炭、珍珠岩、蛭石等。

3. 栽培方法

(1)种球选择与消毒 购置种球应先了解种球的状况。首先要选择经过低温处理过的种球,因为种球需要经过一定的低温处理后,才能正常开花;其次要选择球形较饱满、外表没有伤痕、无病虫害的种球进行促成栽培。

朱顶红种球由于在运输或贮藏时会产生一种青霉病菌。因此在种植前需进行种球消毒。用 75% 百菌清 800 倍液浸种消毒 20 min 左右,消毒后晾干,等待栽种。

(2)种植 在温度适宜的情况,从栽植到开花需 60～70 d。一般可盆栽,盆体规格大小应根据每盆种植的球数来定。另外,盆体高宽比以 2:1 较为适宜。种植时要施底肥,把种球底部的肉根理顺,平铺定植。种球定植深度为种球露出土面 1/3 左右。定植后浇 1 次透水。种植后先放置在 10～15℃ 的阴凉处以利生根,二周后再移到 20～25℃ 较高温度处以便花箭抽出。

(3)施肥 朱顶红喜磷钾含量较高的有机肥,上盆后每月施磷钾肥一次,施肥原则是薄施勤施,以促进花芽分化和开花。花后仍需间隔 20 d 左右施 1 次饼肥水,以促使鳞茎球的增大和萌发新的鳞茎,特别每年 7—8 月份花芽分化期,更应勤施速效磷钾肥。直到11月后移入温室,才能停止浇肥、控制浇水,维持鳞茎球不干枯即可。

(4)修剪 在换盆、换土的同时把朱顶红的败叶、枯根、病虫害根叶剪去,留下生长旺盛叶片。花谢后,要及时剪掉花梗,让养分集中在鳞茎上。

(5)休眠 当环境温度持续低于10℃左右时,朱顶红生长停滞、叶子枯黄,进入自然休眠期;由于所处地域不同,有的地区终年温度较高,朱顶红无法进入自然休眠,这时可以进行强制休眠,即通过停水、停肥的方式迫使朱顶红休眠。

4. 病虫害发生特点及防治方法

朱顶红常见的病害有三种:即赤斑病、花叶病和线虫病。

(1)赤斑病 为真菌引起,患部出现浅红色或朱红色斑块,继续扩展后成为边沿红色的褐色斑块。患病后病部植株生长缓慢,影响生长和开花。用一般消毒剂,如多菌灵、甲基托布津等即可防治。

(2)花叶病 为病毒引起,病株叶片出现长短不一的退绿条纹,尤以新叶症状明显。患病后虽不当即影响生长和开花,但病株的花、叶和鳞茎会逐年减小,而且通过接触、土壤等途径快速传染。在病状初发或较轻时,施用病毒防治药剂,如病毒必克等能够一定程度的缓解。根本的应对方法是隔离病株,防止传染。

(3)线虫病 线虫主要从叶片和花茎上的气孔侵入,侵入后引起叶和茎花发病,并逐步向鳞茎方向蔓延。鳞茎需用43℃温水加入0.5%福尔马林浸3~4 h,达到防治效果。

5. 繁殖方法

朱顶红可用分球、播种、切割鳞茎和组织培养等方法进行繁殖。

(1)分球法 老鳞茎每年能产生2~3个小子球,将其取下另行栽植即可。注意不要伤害小鳞茎的根,并且使其顶部露出地面,小球约需2年开花。

多采用人工切球法大量繁殖子球,即将母鳞茎纵切成若干份,再在中部分为两半,使其下端各附有部分鳞茎盘作为发根部位,然后扦插于泥炭土与沙混合基质的扦插床内,适当浇水,经6周后,鳞片间便可发生1~2个小球,并在下部生根。这样一个母鳞茎可得到仔鳞茎近百个。

(2)播种繁殖

朱顶红易结实,花期可行人工授粉,2个月后种子成熟,每一蒴果有种子100粒左右。采后即播,发芽率高。播后置半阴处,并保持湿润及15~18℃的温度,半个月即可发芽。如温度达18~20℃,经10 d发芽。种子繁殖需3~4年开花。

即采即播,发芽率高。播种土为草炭土 2 份与 1 份河沙混合。种子较大,宜点播,间距为 2~3 cm,发芽适宜温度为 15~20℃,10~15 d 出苗,2 片真叶时分苗。播种到开花需要 2~3 年。

(3)扦插法 将母球纵切成若干份,再分切其鳞片,斜插于蛭石或沙中。长出 2 片真叶时定植。栽植假鳞茎时,盆土过于轻松,会延迟开花或减少花数,可以用砂壤土 5 份、草炭土 2 份和沙 1 份的混合土,栽植深度以鳞茎的 1/3 露出土面为好。

6. 观赏特点

朱顶红花大色美,矮生种的花期控制在元旦和春节期间,可成为少花季节的优质盆花。朱顶红可用于庭院、花境的植物群落布置。

(二)酢浆草属(*Oxalis*)

1. 生物学特性及物种信息

酢浆草是酢浆草科多年生草本植物酢浆草属的统称,植株矮小。茎细弱,多分枝,直立或匍匐,匍匐茎节上生根。叶基生或茎上互生,小叶 3,少数 4,呈倒心形。花单生或数朵集为伞形花序状,色彩丰富,有白色、红色、粉色、橘色及复合色等,花、果期 2—9 月份。

酢浆草主产区在巴西、墨西哥和南非的山坡草池、河谷沿岸、路边、田边、荒地或林下阴湿处等,我国广布逃逸的红花酢浆草。

酢浆草喜向阳、温暖、湿润的环境,夏季炎热地区宜遮半阴,抗旱能力较强,不耐寒,一般园土均可生长,但以腐殖质丰富的砂壤土生长旺盛,夏季有短期的休眠。

目前我国有相当一部分花卉爱好者收集不同种类的酢浆草,如简称为 OB 的酢浆草,是酢浆草(*Oxalis obtusa*)的各种园艺变种,因色彩丰富、开花整齐、开花量大深受花卉爱好者的喜欢;棕榈叶酢浆草(*Oxalis palmifrons*)其叶片形如棕榈叶,覆瓦轮状排列,植株紧凑,株型漂亮。

2. 栽培方式

酢浆草由于其繁殖方式以地下球茎或鳞茎进行繁殖,我国华南地区是酢浆草适合栽培的区域,若进行露地栽培很容易成为逸生种,如红花酢浆草,因此建议采用盆栽的方式。栽培基质可选用泥炭和珍珠岩混合 3∶1 的比例。

3. 栽培方法

球根型酢浆草夏季休眠,秋冬春为生长季节。秋季酢浆草球根开始露白,此时可以将其栽种于配置好的基质中,覆土约 1 cm,浇透水,1 周后新芽冒出土面。新芽出土后要及时让盆栽逐渐接受阳光的直射,酢浆草开花需要有明亮直射的阳光。施肥主要以磷钾肥为主,以促进植株开花及球根的生成。

夏季酢浆草进入休眠状态,此时要将球根从土中取出,放置在干燥阴凉的地方储存。球根型酢浆草主要通过球根进行繁殖。

4. 病虫害发生特点及防治方法

酢浆草生长茂密,下部通风透光差,高温度湿易发生白粉病,叶子发黄霉烂,可喷三唑酮,托布津等杀菌剂。另外,5 月初红蜘蛛开始为害。由于酢浆草叶浓密,灭虫困难,所以必须以防治为主。4 月份温度升高时开始喷施杀螨剂,不能在红蜘蛛大发生时才防治。

二、宿根类植物

(一)铁线莲属(*Clematis*)

铁线莲,别名铁线牡丹、番莲、金包银、山木通、番莲、威灵仙;为毛茛科铁线莲属植物,多数为落叶或常绿草质藤本,花期从早春到晚秋(也有少数冬天开花的品种),果期夏季。有着"藤本皇后"的美称,园艺种众多,可栽培供园林观赏用。

1. 生物学特性及物种信息

铁线莲为草质藤本,二回三出复叶,花单生于叶腋;花有白色、蓝色、紫红色、红色等。我国有铁线莲的原生种,生于低山区的丘陵灌丛中。喜肥沃、排水良好的碱性壤土,忌积水或夏季干旱而不能保水的土壤。耐寒性强,可耐−20℃低温。欧洲、美国等已经对铁线莲进行了大量的育种,选育出了很多的园艺品种。

2. 物种信息(原产地信息)

在我国,铁线莲分布于广西、广东、湖南、江西、云南、浙江,各地园艺上有栽培。野生于海拔高达 1 700 m 的山坡、溪边及灌丛中,喜阴湿环境。

杂交大花铁线莲,花色自白至玫瑰红或蓝紫,可分三类:杂交铁线莲种群、毛叶铁线莲和南欧铁线莲杂交种群。

3. 栽培方式及管理

(1)盆栽管理　小苗宜用 20 cm×20 cm 带底孔的瓦盆栽培,在盆底多垫瓦片,以利透水,以后每年换盆一次。盆土可用园土:腐殖土=1:1,掺和少量沙和复合肥。盆栽时应将原土球完整放入新盆内,填好培养土后浇透水即可。

春秋两季是铁线莲生长旺盛季节,盆栽铁线莲从头年秋季至第二年早春放置在全光照条件下栽培,不需遮阴。6月进入夏季以后,光线渐强、气温上升,可设置遮阳网以免强光暴晒。否则炎夏的强烈光照,会导致铁线莲的叶片老化枯黄,生长不良,而且花盆如果长时间接受强烈光照,会引起土温上升而导致"烧根"死苗。因此夏季最好选择通风凉爽并有遮阳条件的地方放置花盆,并适当进行叶面、地面喷水以增湿降温。若叶片变黄枯焦,茎干内部仍湿润,可移入阴凉处养护,植株茎干还会再次萌发新叶。春秋生长盛期每半月左右施一次液体肥,及早摘除凋谢的花朵,以节省养分。花期注意不要把水喷在花朵上,尤其是重瓣品种,花瓣多而密集,一旦水喷在上面不能及时蒸发,会导致花瓣变黑,影响观赏。生长季节保持盆土湿润即可,切忌浇水过多,否则根系容易腐烂。

　　(2)地栽管理　庭院栽培铁线莲应选择地势稍高,排水良好,并有少量遮阳的地方。挖 60 cm×60 cm 见方、45 cm 深的定植穴,先用石块或瓦砾垫底以利排水,将挖出的土壤和腐殖土按 1∶1 体积比混合,拌入少量复合肥后回填。将铁线莲小苗脱盆连同土球完整定植到穴内,浇透水,定植穴周围做 15 cm 高的土埂以便于干旱时浇水灌溉,以后水分管理要"见干见湿"。夏季暴雨多应特别注意排水。春秋生长旺盛季节追施复合肥 2～3 次。

　　春花类型铁线莲是新梢成花,因此春季萌发的新梢只可以适时绑缚引导枝条,以保证株型丰满美观,提高观赏效果,而不可修剪,以防剪除花芽,导致当年无花可赏。一般可在秋季植株进入休眠后进行轻度修剪,只剪除过于密集、纤细和病虫茎蔓的枝条即可,对于过长的、徒长茎蔓,也可采用修剪进行短缩。铁线莲的茎细而脆,容易折断,应注意对茎蔓的绑缚牵引。对于要保留的枝条,操作时要注意保护,以防折断。

　　(3)修剪　修枝的目的就是为了植株开更多的花。修剪一般每年 1 次,去掉过密或瘦弱的枝条,并使新生枝条能向各个方向伸展。修剪的时间要根据不同品种的开花时期而定:早花品种(花期 4—5 月份)要在花期过后,也就是 6—7 月份进行修枝,去除多余的枝条,但不能剪掉已木质化的枝条,如果在这之前修枝,会导致当年开不了花。

　　(4)温度要求　生长的最适温度为夜间 15～17℃,白天 21～25℃。夏季温度高于 35℃时,会引起铁线莲叶片发黄甚至落叶,在夏季要采取降温措施。在 11 月份,温度持续降低,到 5℃以下时,铁线莲将进入休眠期,在 12 月份,铁线莲完全进入休眠期,休眠期的第 1～2 周,铁线莲开始落叶。

（5）光照要求　铁线莲需要每天 6h 以上的直接光照,这对它的生长是非常有利的,尽管在天热的时候会产生斑点。

（6）水分要求　铁线莲对水分非常敏感,不能够过干或过湿,特别是夏季高温时期,基质不能太湿。一般在生长期每隔 3～4 d 浇 1 次透水,浇水在基质干透但植株未萎蔫时进行。休眠期则只要保持基质湿润便可。浇水时不能让叶面或植株基部积水,否则很容易引起病害。

（7）施肥管理　在 2 月下旬或 3 月上旬抽新芽前,可施一点 N、P、K 配比为 15：5：5 的复合肥,以加快生长,在 4 月或 6 月追施 1 次磷酸肥,以促进开花。平时可用 150 mg/kg 的 20：20：20 或 20：10：20 水溶性肥,在生长旺期增加到 200 mg/kg,每月喷洒 2～3 次。

4. 繁殖方法

（1）播种方法　原种可以播种法养殖。子叶出土类型的种子(瘦果较小,果皮较薄),如在春季播种,3～4 周可发芽。在秋季播种,要到春暖时萌发。子叶留土类型的种子(较大,种皮较厚),要经过一个低温春化阶段才能萌发,第一对真叶出生;有的种类要经过两个低温阶段,才能萌发,如转子莲。春化处理如用 0～3℃低温冷藏种子 40 d,发芽需 9～10 个月。也可用一定浓度的赤霉素处理。压条：3 月份用去年生成熟枝条压条,通常在 1 年内生根。

（2）扦插繁殖　杂交铁线莲栽培变种以扦插为主要养殖方法。7—8 月份取半成熟枝条,在节间,即上下两节的中间截取,节上具 2 芽。介质用泥炭和沙各半。扦插深度为节上芽刚露出上面,地温 15～18℃。生根后上 3 寸盆,在防冻的温床或温室内越冬。春季换 4～5 寸盆,移出室外。夏季需遮、防阵雨,10 月底定植。

5. 病虫害发生特点及防治方法

（1）铁线莲白绢病　铁线莲白绢病发生于植物的根、茎基部。一般在近地面的根茎处开始发病,而后向上部和地下部蔓延扩展,最后整个植株的根系被白色菌丝包围,根基部腐烂。发病部位首先呈褐色水渍状,进而皮层腐烂,植株出现脱水症状,然后慢慢变焦枯,如被火烤过。

铁线莲白绢病的防治要以预防为主,通常在发现时已很严重,因此首先要做好防的措施：

① 做好基质消毒灭菌的工作。栽培中使用的有机肥要经过充分腐熟后使用,避免由于使用有机肥而导致栽培基质带有致病菌。新苗上盆,栽培基质要用甲基

托布津或百菌清 1 000 倍液进行消毒处理。

② 做好栽培场地的杂草清理,合理安排栽培密度,提高栽培环境的通风透光率,创造良好的田间小气候。雨水多时及时排水,降低湿度,能有效控制病害发生概率。

③ 做好肥水管理措施,合理使用肥料,注意 N、P、K 的配合使用,培养壮苗,提高植株的抗病能力;铁线莲以盆栽为主,栽培基质透气透水性要好,可采用珍珠岩、泥炭土和松鳞的混合基质,其比例可按 1∶3∶1 配制。

④ 患病植株的处理防治 发病初期,菌丝体围绕在根颈部皮层外面,还未入侵,挖出植株,部分植株的根可能已经菌丝缠绕,部分肉质根可能开始腐烂,此时可将植株留 1～2 节重剪,然后将根部在清水中清洗干净,稍微晾干后在 1 000～1 500 倍百菌清溶液中泡 1～2 min,重新栽入新的干净栽培基质中,再用五氯硝基苯 1 000 倍液进行灌根,一般防治率可达 80%。

(2)枯萎病 枯萎病是铁线莲最主要的病害,它会突然发生,可以使整个植株萎缩,尽管植株仍有很好根系。用多菌灵或托布津每隔 2 周喷洒 1 次,重复 2～3次,可有效抑制该病的发生。

(3)粉霉病 粉霉病是另外一个危害铁线莲较多的病害,在温度超过 20℃、高湿的情况下容易发生该病,发病时可以用多菌灵、甲基托布津每隔 1 周交替使用,重复 3～4 次。

6. 观赏特点

铁线莲枝叶扶疏,有的花大色艳,有的多数小花聚集成大型花序,风趣独特,是攀缘绿化中不可缺少的良好材料。可种植于墙边、窗前,或依附于乔、灌木之旁,配植于假山、岩石之间,攀附于花柱、花门、篱笆之上,也可盆栽观赏。少数种类适宜作地被植物。有些铁线莲的花枝、叶枝与果枝,还可作瓶饰、切花等,享有“藤本花卉皇后”之美称,花期 6—9 月份,花色一般为白色,花有芳香气味。

园林栽培中常用木条、竹材等搭架让铁线莲新生的茎蔓缠绕其上生长,构成塔状;也可栽培于绿廊支柱附近,让其攀附生长;还可布置在稀疏的灌木篱笆中,任其攀爬在灌木篱笆上,将灌木绿篱变成花篱。也可布置于墙垣、棚架、阳台、门廊等处,显得格外优雅别致。

(二)长筒花（*Achimenes hybivda*）

长筒花又名戏法草。长筒花跟它的近亲大岩桐一样,深受欧美人士的喜爱。

现人工杂交选育的长筒花花色十分丰富,除了常见的红色、黄色、蓝色、白色外还有许多的复色和各种斑纹。

1. 生物学特性

长筒花株高 10～50 cm,株型有直立及蔓性 2 种,叶色浅绿至深绿,长椭圆形,边缘有锯齿。花腋出,花冠筒状,花径 3～8 cm,花色有白、紫、深红、粉红、蓝、橘、黄等色,长筒花为长日照开花植物,花期为晚春至秋季。地下部具鳞茎,冬季休眠时地上部会枯萎,以鳞茎越冬,待春天天气转暖会再度萌发新芽。

长筒花喜湿润和阳光充足,喜温暖,生育适温为 15～28℃。不耐强光直射,不耐寒、怕霜冻,宜疏松肥沃和排水良好的沙壤土。

2. 物种信息(原产地信息)

原产于危地马拉、墨西哥、中南美洲。

3. 栽培方式

盆栽,栽培基质选用泥炭。

4. 栽培方法

长筒花一般以腐殖质土或细蛇木屑为培养土,60％～70％日照,忌强光直射。用氮、磷、钾肥料每月追肥 1 次。冬季休眠应温暖避风。一般以鳞茎栽植者,可于 4—5 月份天气转暖,鳞茎开始发芽后将鳞茎直立或平行土面种下,覆土约 1.5 cm 高。栽培介质需排水良好,可以栽培土混合珍珠石、蛭石后使用。栽培场所需有明亮的散射光,成株可接受直射的光照,只需避开强烈日晒即可。若欲植株长的较茂密(特别是吊盆品种),可于新芽窜出土面且长出第 2 对或第 3 对叶子时进行摘心,促使分枝。生育适温为夜温 15～21℃,日温 21～28℃。

5. 繁殖方法

可用播种或分切块茎法,春季为适期,种子发芽适温为 18～20℃。

6. 病虫害发生特点及防治方法

长筒花生长茂密,下部通风透光差,高温度湿易发生白粉病,叶子发黄霉烂,可喷三唑酮,托布津等杀菌剂。另外,5 月初红蜘蛛开始为害,由于长筒花叶浓密,防治困难,所以必须以预防为主。4 月温度升高时就开始喷施杀螨剂,不能在红蜘蛛大发生时才防治。

7. 观赏特点

长筒花植株矮小,适合进行盆栽,它的花朵较大,开花数量也较多,颜色丰富。开花量大时开出的花朵常常覆盖叶片,十分美丽。

知识拓展

国际铁线莲协会 http://www.clematisinternational.com/

模块七 水生植物

根据水生植物的生活方式,一般将其分为以下几大类:挺水植物、浮叶植物,沉水植物和漂浮植物以及湿生植物。

挺水植物:荷花、芦苇、香蒲、菰、水葱、芦竹、菖蒲、蒲苇、黑三棱、水烛、泽泻、慈姑等;浮叶植物:泉生眼子菜、竹叶眼子菜、睡莲、萍蓬草、荇菜、菱角、芡实、王莲等;湿生植物:美人蕉、梭鱼草、千屈菜、再力花、水生鸢尾、红蓼、狼尾草、蒲草等适于水边生长的植物;沉水植物:眼子菜、水菜花、海菜花、海菖蒲、苦草、金鱼藻、水车前、穗花狐尾藻、黑藻等;漂浮植物:浮萍、紫背浮萍、凤眼莲、大薸等植物。

鸢尾属（*Iris*）

1. 生物学特性

常绿水生鸢尾是常绿水生草本植物,由六角果鸢尾、高大鸢尾、短茎鸢尾等杂交而成。高大鸢尾(*I. giganticae*)、短茎鸢尾(*I. brevuilei*)等杂交选育而成,根状茎横生肉质状,叶基生,密集,宽约 2 cm,长 40~60 cm,平行脉,厚革质;花葶直立坚挺高出叶丛,可达 60~100 cm,花被片 6,花色有紫红、大红、粉红、深蓝、白等,花直径 16~18 cm。

2. 物种信息（原产地信息）

杂交原种产自美国、韩国、俄罗斯等高纬度地区,由于其抗寒力极强,能弥补长江中下游地区冬季缺少常绿水生植物的不足,近年来尤其受到苗木生产企业和设计、施工单位关注。

3. 栽培方式

主要采用盆栽或地栽方式。

4. 栽培方法

常绿水生鸢尾喜光照充足的环境,能常年生长在 20 cm 水位以上的浅水中,可作水生植物、湿地植物或旱地花境材料。常绿水生鸢尾特别适应冷凉性气候,据其在江苏盐城的表现,该品种在 −9℃ 的低温条件下,能保持常绿且进行分蘖;在长江流域一带,该品种 11 月至翌年 3 月份分蘖,4 月份孕蕾并抽生花葶,5 月份开花,花期为 20 d 左右,夏季高温期间停止生长,略显黄绿色,在 35℃ 以上进入半休眠状态,抗高温能力较弱。

5. 繁殖方法

值得注意的是,常绿水生鸢尾为杂交品种,很少结籽或不结籽,故生产上常用分株或组培的方法繁殖。

6. 病虫害发生特点及防治方法

虫害有稻蝗,危害叶片,可用 90% 晶体敌百虫 1 000 倍液防治。

7. 观赏特点

常绿水生鸢尾的叶形、株型、习性与其他水生类鸢尾相似,在黄菖蒲、玉婵花、溪荪等水生植物的应用范围内均可种植,但该品种因其叶厚革质不易下垂、冬季翠绿且花色丰富,其他鸢尾类植物难以望其项背。

常绿水生鸢尾可作为高档的水景材料应用于别墅、写字楼的水景,或在水景工程的节点处使用,也可植于池塘的浅水区域作不等边 S 形片植或点缀于石旁。在白雪皑皑的冬季,其他水生植物在水下休眠时,常绿水生鸢尾却傲霜斗雪,带来生机盎然的绿意。该品种可与其他层次的水景材料配植,如在水深处栽植睡莲、荇菜等浮叶植物,水陆交界处栽植常绿水生鸢尾,上游处种花叶芦竹或千屈菜等,再适当点缀几大丛蒲苇等,这样就组成了高低错落、相互交融的水上花境。

(1)湿地植物材料 常绿水生鸢尾为水陆两栖植物,在积水低洼地带中性状表现尤其出色。在湿地中,常绿水生鸢尾可与耐水湿的金边阔叶麦冬、常绿萱草、小叶扶芳藤、玉带草和较为高大的姜花、彩叶杞柳、醉鱼草等构成湿地花境系列。

(2)吸收水质污染的材料 常绿水生鸢尾为喜冷性植物,分蘖期一般在 11 月至翌年的 3 月,该习性与其他品种的水生植物迥然不同,在需要治理的水体污染物地区,可将其与其他水生植物混栽,由于常绿水生鸢尾旺盛的新陈代谢,水生植物一年四季都能在吸收水体污染物方面发挥出色功效。

知识拓展

美国鸢尾协会 http://www.irises.org/

模块八 华南喀斯特地区原生特色花卉

一、华南喀斯特地区原生特色花卉介绍

喀斯特(Karst)即岩溶,由喀斯特作用所造成地貌,称喀斯特地貌(岩溶地貌)。中国是喀斯特分布最广、类型最全的国家,喀斯特地貌主要分布在华南、西南地区。华南地区主要指广西、广东和海南。受中国南方气候温暖湿润以及喀斯特地质地貌的影响,喀斯特地质地貌地区形成了丰富多样的小生境,小生境的多样性产生了丰富的植物类群。苏铁科、苦苣苔科、秋海棠科、兰科等植物种类分布其中。

1. 苏铁属(*Cycas*)

苏铁又名铁树,辟火蕉,凤尾蕉,凤尾松,凤尾草,分布于热带及亚热带地区。我国有苏铁属共 8 种,分布于台湾、福建、广东、广西、云南及四川等省区。苏铁性喜阳光、干燥和通风良好环境,不耐寒,好肥,喜沙质土壤,生长缓慢,寿命约 200 年。在中国南方热带及亚热带南部树龄 10 年以上的树木几乎每年开花结实,而长江流域及北方各地栽培的苏铁常终生不开花,或偶尔开花结实。

(1)德保苏铁(*Cycas debaoensis* Y. C. Zhong et C. J. Chen)是中国特有种,生长于广西德保县扶平乡约 15.3 km² 的石灰岩山坡。

形态特征:树干大部分地下生长,地上部分高 40~70 cm,径 25~40 cm,有时丛生;深棕褐色,顶部具鳞,基部近光滑。径 1.5~3.0 cm;幼嫩时被绒毛,后除基部外脱落;基部以上具刺。刺 20~55 个,沿叶轴两侧生长,相距 1.0~4.5 cm,圆锥状,长 3~4 cm。叶 5~11 片,稀 3~15 片,3 回羽状全裂,轮廓呈椭圆形,横截面中羽状裂片之间呈 110°~150° "V"形打开,长 1.3~2.7 m,宽 0.5~1.5 m。叶柄横截面圆倒卵形,长 0.6~1.3 m,基部羽状裂片 6~14 片,长 3~12 cm;中部羽状裂片近对生,较长,长 40~70 cm,宽 20~27 cm,横截面中次级羽状裂片之间呈 79~90° "V"形打开;基部和顶部的羽状裂叶互生,叶片两端渐窄,长 17~50 cm,宽 10~23 cm。二级羽状裂片 3~5 对,呈卵形或倒三角形,2 歧或 3 歧分叉,长 12~25 cm,宽 4~15 cm;二级羽状裂片叶柄 0.5~2.0 cm。末级羽状裂(segments)3~5 片,正面绿色有光泽,背面浅绿色,线状,长 10~22 cm,(稀达 28 cm),宽 0.8~1.5 cm,厚纸状,光滑,中脉在两面凸起,基部下延,边缘平直或微呈波状,先端渐纤细或渐尖长。低出叶(有鳞叶)长 6~8 cm,宽 2.5~3.0 cm,密被褐色绒毛,先端呈锐尖头

状,稍软。雄球花(花粉球)起初卵形,密被褐色绒毛;成熟后脱毛,纺锤形柱状,长13~25 cm,径4~9 cm。小孢子叶狭楔形,长3.0~3.5 cm,宽1.2~1.6 cm,不育顶片半圆形,轻微波状,先端宽圆形,具短且向上弯曲的尖头。大孢子叶30~50片,松散地集群,长15~20 cm,密被黄褐色绒毛,聚生为扁球形,径18~25 cm;柄长9~12 cm;不育部分较宽、绿色,近心形或近扇形,长6~9 cm,宽5~10 cm,光滑无毛,深裂为丝状裂片,39~51片,长3~6 cm,末端裂片4~5 cm,柄每侧具2或3个个胚珠,胚珠无毛。种子3或4枚,始绿色,后黄色至褐色,近球形或卵球形,稍扁,长3.0~3.5 cm,宽2.5~3 cm,顶端具尖头;种皮细微疣状突起。授粉期3—4月份,种子成熟期在11月份。

保护级别:国家一级保护植物。

(2)叉叶苏铁(*Cycas micholitzii* Dyer)又名龙口苏铁,主要分布于越南以及我国的广西龙口等地,常生长在石山脚阔叶林中。

形态特征:树干圆柱形,高20~60 cm,径4~5 cm,基部粗10~12 cm,光滑,暗赤色。叶呈叉状二回羽状深裂,长2~3 m,叶柄两侧具宽短的尖刺;羽片间距离约4 cm,叉状分裂;裂片条状披针形,边缘波状,长20~30 cm,宽2.0~2.5 cm,幼时被白粉,后呈深绿色,有光泽,先端钝尖,基部不对称。雄球花圆柱形,长15~18 cm,径约4 cm,梗长3 cm,粗1.5 cm;小孢子叶近匙形或宽楔形,光滑,黄色,边缘橘黄色,长1.0~1.8 cm,宽约8 mm、顶部不育部分长约8 mm,有绒毛,圆或有短而渐尖的尖头,花药3~4个聚生;大孢子叶基部柄状,橘黄色,长约8 cm,柄与上部的顶片近等长或稍短,胚株1~4枚,着生于大孢子叶柄的上部两侧,近圆球形,被绒毛,上部的顶片菱状倒卵形,宽约3.5 cm,边缘具篦齿状裂片,裂片钻形,直立,长1.5~2.0 cm。种子成熟后变黄,长约2.5 cm。

保护级别:国家一级保护植物,广西龙州石山区已建立弄岗自然保护区。

(3)海南苏铁(*Cycas hainanensis* C. J. Chen) 又名刺柄苏铁,产于广东、海南岛万宁及海口等地。

形态特征:羽状叶长约1 m,叶柄长约20 cm、横切面四方状圆形,两侧密生刺,刺间距离约1 cm,刺长3~4 mm;羽状裂片近对生,条形,革质,斜上伸展,中部的羽状裂片与叶轴约呈60°的角度,通常直或微弯,长约15 cm,宽约6 mm,先端渐尖,基部收缩不对称,下侧下延生长,边缘微向下反卷,上面深绿色,有光泽,下面淡绿色,两面光滑,上面的中脉显著隆起,下面的中脉微隆起。大孢子叶幼时被褐色绒毛,后渐脱落几无毛,上部的顶片斜方状卵形,长约7 cm,宽约5 cm,边缘羽状分裂,每边有裂片 5～7 条,裂片条状钻形,长 2～3 cm,粗约 2.5 mm,先端有刺状尖头,顶生裂片矩圆形,扁平,上部变坚硬,长 3.5～4.0 cm,宽 1.5～2.0 cm,边缘在中下部全缘,在上部具数枚锯齿或再分裂,先端有一长刺,长 1.0～1.4 cm,边缘有少数不明显的疏锯齿;大孢子叶的下部柄状,长约 7 cm,横切面四方状圆形,在其中部两侧着生 2 枚胚珠;胚珠卵圆形,无毛。种子干后呈红褐色,宽倒卵圆形,稍扁,表面有不规则的皱纹。

保护级别:国家一级保护植物,列入世界自然保护联盟(IUCN)红色名录的濒危(EN)物种。

(4)华南苏铁(*Cycas rumphii* Miq.)又名刺叶苏铁,龙尾苏铁,我国华南各地有栽培,原产越南、缅甸、印度等地。

形态特征:树干圆柱形,高 4～8 m,稀达 15 m,上部有残存的叶柄,分枝或不分枝。羽状叶长 1～2.0 m,叶轴横切面近圆形或三角状圆形,叶柄长 10～15 cm 或更长,常具三钝棱,两侧有短刺,刺间距离 1.5～2.0 cm,稀无刺;羽状裂片 50～80 对排成两列,长披针状条形或条形,稍弯曲或直,革质,绿色,有光泽,两面中脉微凹,先端渐长尖,边缘平或微反曲,稀微波状,基部不对称,上侧急窄,下侧较宽或微窄,下延生长,叶轴中部的羽状裂片长 15～30 cm,宽 10～15 mm。雄球花有短梗,椭圆状矩圆形,长 12～25 cm,径 5～7 cm,小孢子叶楔形,长 2.5～5.0 cm,顶部截状,密被红色或褐红色绒毛,微反曲或不反曲,有弯曲的钝尖头,花药 2～5 个聚生;大孢子叶长 20～35 cm,初被绒毛,后渐脱落,下部柄长,常具四棱,在其上部两侧各有 1～3(多为 2～3)枚胚珠,稀 4～8 枚胚珠,胚珠近光滑,幼嫩时半陷入穴中,上部的顶片窄匙形或披针状,先端有钻状尖头,两侧边缘具数枚细短的裂齿。种子扁圆形或卵圆形,先端有时微凹,中央微有凸尖,径 3.0～4.5 cm,中种皮木质,有两条棱脊。花期 5—6 月份,种子在 10 月份成熟。

保护级别:国家重点保护植物。

(5)石山苏铁(*Cycas sexseminifera*,异名为 *Cycas miquelii*)又称山菠萝、少刺苏铁、神仙米等。分布于广西的扶绥县、龙州县、凭祥市、宁明县、南宁市武鸣区、田阳县、崇左市江州区等地的低海拔石灰岩山地,常生长于石灰岩缝隙里,呈团状或小片状分布。

形态特征:石山苏铁为小型灌木,树干通常不明显,有时也膨大呈葫芦状,或纺锤状,或盘状,或圆柱形,高可达 50 cm,径达 25 cm,基部膨大成圆球形,灰色至灰褐色,叶痕宿存,后期常脱落而光滑,无茎顶绒毛;鳞叶披针形,长 4.5～8.5 cm,宽

1.5～2.5 cm,暗棕色,背面密被短绒毛;羽叶长(30)50～170 cm,叶柄长5～63 cm,上部两侧具3～35对短刺,刺长0.1～0.4 cm,间距0.6～2.2 cm,羽片40～81对,水平开展,革质,羽片条形,中部羽片长7.5～28(40)cm,宽0.5～1.2 cm,先端渐尖,具短尖头,基部不对称,下侧下延生长,中脉上面平或微隆起,下面明显隆起,上面深绿色,有亮泽,下面淡绿色,叶边缘平或有时反卷,叶轴、叶柄及叶背密被锈色柔毛。

保护级别:为国家一级保护植物,IUCN红色名录近危(NT)物种。

(6)多歧苏铁(*Cycas multipinnata*)分布在云南省红河以北个旧、蒙自、屏边、河口等县(市)交界处的一块很狭小地域。产于海拔150～1 000 m。生长在中低山石灰岩山地雨林下。

形态特征:树干高20～40 cm,直径10～20 cm,褐灰色,叶痕宿存,无茎顶绒毛。鳞叶长8～10 cm,宽2.5～3.5 cm,羽叶1片,稀3片,长达(1.95)3～4.85 m,宽70～150 cm,三回羽状深裂,一回羽片6～11对,近对生,披针形,下部一对最长,长85～105 cm,宽40～60 cm,向上逐渐变短;二回羽片6～11枚,5～7枚二歧分枝互生,倒卵形至椭圆形,长20～35 cm,宽10～18 cm,间距6～20 cm,具1.0～2.5 cm的小叶柄;三回羽片(2)3～5次二歧分枝,下侧具2～3片,每片具1～2枚小叶,顶羽片2～3次二歧分枝;小羽片薄革质至革质,倒卵状矩形至矩圆状条形,长7～22 cm,宽1.0～2.4 cm,先端渐尖至尾状渐尖,尾部长约2 cm,上面具光泽,深绿色,下面淡绿色,中脉两面稍隆起,下面后期无毛,边缘平或微波状,基部渐狭,下侧明显下延;叶柄长0.9～2.7 m,中部直径2～3 cm,基部直径3.0～4.5 cm,刺31～76对,圆锥状,微扁,长0.3～0.5 cm,刺间距1.5～5.0 cm。小孢子叶球圆柱形,先端圆截形,黄色,长35 cm,直径8 cm,基部柄长3.5 cm,直径2.5 cm,小孢子叶倒卵形,顶部不育部分腹面半圆形,长2.5 cm,具2～6枚小裂齿,近中部粗大,向两侧渐小,具黄褐色短柔毛,后渐脱落。大孢子叶顶片卵形,边缘篦齿状分裂,两侧约具15对钻形裂片,裂片长2.0～3.5 cm,胚珠6～8枚,种子近球形,径约3 cm。花期4—5月份,果期9—10月份。

保护级别:国家一级保护植物。

2. 苦苣苔科(*Gesneriaceae*)

苦苣苔科是一个中等大科,全球约140属,2 000余种,我国是世界上苦苣苔科植物种类丰富的国家,根据2019年1月统计的数据,我国目前有716种苦苣苔科植物。主要分布于云南、广西和广东等省区的热带及亚热带丘陵地带,多生活在喀斯特地质地貌生境中、低海拔的石灰岩密林下阴湿出或溶岩洞穴入口。广西是苦苣苔科植物报春苣苔属(*Primulina*)的分布中心,有许多特有种如桂林报春苣苔(*P. guilinensis*)、线叶报春苣苔(*P. linearifolia*)、刺齿报春苣苔(*P. spinulosa*)、文采报春苣苔(*P. wentsaii*)等。

(1)桂林报春苣苔(*P. guilinensis*)　产广西东北部及东部(桂平)、广东西部(云浮)。生于石灰山林下或阴处,海拔高度达 800 m。模式标本采自广西桂林。

形态特征:多年生小草本。根状茎长 2～6 cm,粗 0.8～1.6 cm。叶约 6,均基生;叶片狭椭圆形或菱状椭圆形,两侧稍不对称,长 2.5～7.5 cm,宽 1.4～4.0 cm,顶端微钝或钝,基部斜楔形,边缘具浅钝齿,两面密被短柔毛,侧脉每侧 4～6 条;叶柄长 0.5～4 cm,扁,宽 2(4)～8 mm。花序 1～4 条,每花序有 1～5 花;花序梗长 1.5～6 cm,与花梗均密被开展短柔毛;苞片对生,线形或长椭圆形,长 2～4 mm,宽 0.3～1.5 mm,被短柔毛;花梗长 2.5～10 mm。花萼长 5～7 mm,5 裂至基部;裂片狭披针形,宽 1.2～2.0 mm,外面被短柔毛。花冠紫色,长 4～6 cm,外面被短柔毛,内面只在上唇被短柔毛;筒近筒状或细漏斗状,长 2.5～3.8 cm,口部粗 1.2～2.0 cm;上唇长 9～12 mm,下唇长 11～15 mm。雄蕊的花丝着生于距花冠基部 15～18 mm 处,长11～12 mm,在中部稍膝状弯曲,花药长 4.5～5.0 mm,被柔毛;退化雄蕊 2,着生于距花冠基部 12～15 mm 处,狭线形,长 5.5～7.0 mm,疏被短腺毛,顶端头状。花盘环状,高 0.6～1.0 mm。雌蕊长 2～3 cm,子房长 1.5～2.6 cm,与花柱密被柔毛,柱头长 2.5～4.0 mm,2 深裂,裂片三角形。花期 3—4 月份。

根状茎在民间供药用,治咳嗽、跌打损伤。

(2)线叶报春苣苔(*P. linearifolia*)　产广西南部(南宁、隆安)。生于石灰岩山石上。模式标本采自南宁。

形态特征:多年生草本。根状茎圆柱形,长,粗 4～10 mm,上部常分枝。叶 5～6 对密集于根状茎顶端,无柄,革质,线形,常稍镰状,长 3.0～8.3 cm,宽 4～8 mm,两端渐狭,边缘全缘,干时反卷,两面密被贴伏柔毛,中脉上面稍下陷,侧脉不明显。花序 3～5 条,似伞形花序,2 回分枝,每花序有 4～7 花;花序梗长 5.5～13 cm,密被短腺毛和稀疏长柔毛;苞片对生,狭卵形或披针形,长 4～6 mm,宽 1.6～2.1 mm,背面密被短柔毛;花梗长 5～12 mm,密被短腺毛。花萼 5 裂达基部,裂片披针形或线状披针形,长 3.2～4.0 mm,宽 0.6～1.1 mm,外面被短柔毛。花冠白色,长约 2.4 cm,外面被短柔毛,内面下方被疏柔毛;筒细漏斗状,长 1.4 cm,口部直径 6.5 mm;上唇长约 4 mm,2 裂达基部,下唇长约 9 mm,3 裂至中部,裂片宽卵形,顶端圆形。雄蕊的花丝及退化雄蕊着生于距花冠基部 4 mm 处,披针状线形,长约 10 mm,基部宽 1.2 mm,顶端宽 0.2 mm,下部被短柔毛,中部之上膝状弯曲,花药长约 2.5 mm,两端被髯毛;退化雄蕊 2,披针状线形,长 7～8 mm,下部被疏柔毛,空花药椭圆形,长 0.6～0.8 mm。花盘环形,高 0.5 mm。雌蕊长约 1.6 cm,子房线形,长约 10 mm,与花柱密被短腺毛,柱头小,长 0.5 mm,2 深裂。蒴果线形,长 2.2～3.6 cm,宽 2.0～2.5 mm,被短腺毛。种子椭圆形,长约 0.5 mm,光滑。花期在 4 月份。

(3)异裂苣苔(*Pseudochirita guangxiensis*) 产于广西(龙州、靖西、上林、来宾、融水)。生长于石山林下阴处。

形态特征:多年生草本。茎高 0.5～1.0 m,密被短绒毛。叶对生,同一对叶不等大;叶片草质,两侧常不相等,椭圆形或椭圆状卵形,长 11～27(30)cm,宽 6～16(19)cm,顶端急尖或短渐尖,基部宽楔形,稍斜,上面密被贴伏柔毛,下面被短绒毛,边缘有小牙齿,侧脉每侧 8～11 条;叶柄长 1～6 cm,被短绒毛。聚伞花序生茎顶叶腋,具梗,长达 16 cm,两叉状分枝,约有 10 花;花序梗长 6～9 cm,被短柔毛;苞片对生,速落,宽卵形,长达 1.5 cm,密被短柔毛;花梗长 3～8 mm。花萼钟状,长 9～11 mm,直径约 6 mm,外面密被短腺毛,内面无毛,5 浅裂。花冠白色,长 3.2～4.3 cm,外面上部被疏柔毛或无毛,内面无毛,筒长 2.5～3 cm,口部直径约 9 mm,上唇长约 4 mm,2 裂,下唇长 9～12 mm,3 浅裂。雄蕊花丝着生于花冠筒中部,长约 7 mm,有小腺体,花药长圆形,长约 3 mm,无毛;退化雄蕊 3,侧生 2 枚狭线形,长 4.5～5 mm,中央的长约 0.2 mm。花盘杯状,高约;0.8 mm。雌蕊长 2.4～2.9 cm,子房柄长 5～8 mm,无毛,子房长 1～1.3 cm,与花柱均有极短的腺毛,柱头2,小的狭卵形,长 1 mm,大的倒梯形,长约 2.5 mm。蒴果线形,二长 3～4.5 cm,近无毛。种子狭椭圆形或纺锤形,长约 0.5 mm。

(4)东兴粗筒苣苔(*Briggsia dongxingensis*) 产广西东兴。

形态特征:多年生草本。茎高 20～60 cm,密被柔毛。根状茎横走,长 3～5 cm,直径约 2 mm,密被褐色柔毛。叶对生,具柄;叶片狭椭圆形,长 4.5～16 cm,宽 2.5～6.5 cm,顶端渐尖或骤尖,基部偏斜,边缘具细牙齿,上面被短柔毛,下面被较长的柔毛,侧脉每边 6～10 条,上面微凹,下面稍隆起;叶柄长 1～2 cm,密被褐色长柔毛。聚伞花序近茎顶腋生,具 1～4 花;花序梗长 7～10 cm,被褐色短柔毛;苞片 2,线状长圆形,长 3～4 mm,宽 1～1.2 mm,顶端钝,全缘,被褐色短柔毛;花梗长 5～7 mm,被褐色短柔毛。花萼 5 裂至近基部,裂片相等,线状披针形,长 5～9 mm,宽约 1.5 mm,

顶端渐尖,全缘,外面被锈色长柔毛,内面无毛。花冠黄色,粗筒状,下方肿胀,近基部之上突然收缩呈细筒状;筒长 3.7～4.2 cm,直径 1.5～1.7 cm,外面被短柔毛,内面仅在裂片上被疏短柔毛;檐部长约 1.1 cm,上唇 2 裂,裂片相等,近圆形,长约 6 mm,下唇 3 裂,裂片近圆形,长 4～7 mm。雄蕊 4,上雄蕊长约 1.2 cm,着生于距花冠基部 1.5～2 cm 处,下雄蕊长 1.8 cm,着生于距花冠基部 1.5～1.8 cm,花丝近顶端疏生腺状柔毛,花药成对连着,长约 1.2 mm,药室不汇合;退化雄蕊长 1.5 mm,着生于距花冠基部 1.8 cm 处。花盘环状,高 1～2 mm。雌蕊长 2.7～3 cm,子房线状长圆形,长约 2 cm,直径 1～2 mm,无毛,花柱长 7～11 mm,被腺状短柔毛,柱头 2。蒴果未见。花期在 10 月。

(5)珊瑚苣苔(*Corallodiscus cordatulus* (Craib.)Burtt.)　产云南、贵州、湖南、广西、广东等省区。生于山坡岩石上,海拔 1 000～2 300 m。

形态特征:多年生草本。叶全部基生,莲座状,外层叶具柄;叶片革质,卵形、长圆形,长 2～4 cm,宽 1～2.2 cm,顶端圆形,基部楔形,边缘具细圆齿,上面平展,有时具不明显的皱褶,稀呈泡状,疏被淡褐色长柔毛至近无毛,下面多为紫红色,近无毛,侧脉每边约 4 条,上面明显,下面隆起,密被锈色绵毛;叶柄长 1.5～2.5 cm,上面疏被淡褐色长柔毛,下面密被锈色绵毛。聚伞花序 2～3 次分枝,1～5 条,每花序具 3～10 花;花序梗长 5～14 cm,与花梗疏生淡褐色长柔毛至无毛;苞片不存在;花梗长 4～10 mm。花萼 5 裂至近基部,裂片长圆形至长圆状披针形,长 2～2.2 mm,宽约 1 mm,外面疏被柔毛至无毛,内面无毛,具 3 脉。花冠筒状,淡紫色、紫蓝色,长 11～14 mm,外面无毛,内面下唇一侧具髯毛和斑纹;筒部长约 7 mm,直径 3.5～5.5 mm;上唇 2 裂,裂片半圆形,长 1.2～1.4 mm,宽 1.5～2.5 mm,下唇 3 裂,裂片宽卵形至卵形,长 2.5～4 mm,宽 2.5～3 mm。雄蕊 4,上雄蕊长 3～4 mm,着生于距花冠基部 2.5 mm 处,下雄蕊长 3.5～5 mm,着生于距花冠基部约 3.5 处,花丝线形,无毛,花药长圆形,长约 0.6 mm,药室汇合,基部极叉开;退化雄蕊长约 1 mm,着生于距花冠基部 2 mm 处。花盘高约 0.5 mm。雌蕊无毛,子房长圆形,长约 2 mm,花柱与子房等长或稍短于子房,柱头头状,微凹。蒴果线形,长约 2 cm。花期 6 月,果期 8 月。

(6)黄花马铃苣苔(*Oreocharis flavida* Merr.)　产海南。生于山坡林下,海拔 1 600～1 800 m。

形态特征:多年生草本。根状茎粗而短。叶全部基生,具长柄;叶片卵形至宽卵形,稀宽椭圆形至倒卵形,长 4～10 cm,宽 2～6.5 cm,顶端圆形,基部近心形或圆形,边缘近全缘或有浅钝齿,上面密被柔毛,下面密被黄褐色绢状棉毛,侧脉每边,5~7条,在下面明显;叶柄长 2.5~10 cm,密被黄褐色绢状棉毛。聚伞花序伞状,2~3条,每花序具3~4花;花序梗长 6~16 cm,疏被淡褐色绢状棉毛;苞片2~3,狭长圆形,长约 4 mm,宽约 1 mm,被棉毛;花梗长 10~18 mm,被微柔毛。花萼5裂至近基部,裂片近相等,披针形,长约 4 mm,宽约 1 mm,外面被柔毛。花冠斜钟状,淡黄色,长约 1.5 cm,直径约 1.1 cm,外面被疏柔毛,内面被短柔毛;筒长约 1.2 cm,直径约 8 mm;檐部稍二唇形,5裂,裂片圆形,长 3~4 mm。雄蕊4,分生,内藏,无毛,上雄蕊长 5.5 mm,着生于距花冠基部 1 mm 处,下雄蕊长 4.5 mm,着生于距花冠基部 1.5 mm 处,花丝扁平,近基部稍宽,花药马蹄形,宽约 1.2 mm,1室,横裂;退化雄蕊长约 3.2 mm,着生于距花冠基部 1.2 mm 处。花盘环状,高约 2 mm,近全缘。雌蕊无毛,子房长圆形,长约 5 mm;花柱长约 1.5 mm,柱头2,近圆形。蒴果长圆形,长 2.5~4 cm,无毛。种子多数,卵圆形,表面具刺状小突起。花期约 10 月份,果期 11 月份。

3. 秋海棠属(*Begonia*)

秋海棠约有 1 000 种。广布于热带和亚热带地区,中国约 130 种,主要分布在云南东南部和广西西南部。广西野生秋海棠属植物,多分布于龙州、靖西、宁明、大新、那坡部分的石灰岩山地,种类达 50 种(含变种),其中龙州县 22 种,靖西市 20 种,那坡县 17 种,大新县 12 种;其次隆林、凌云、乐业、凤山、东兰等地有 35 种,广西广大石灰岩地区蕴藏着丰富的秋海棠属植物资源。

(1)紫叶秋海棠(Begonia rex Putz) 产于云南、贵州、广西。生于山沟岩石上和山沟密林中,海拔 990~1 100 m。越南北部和喜马拉雅山区也有分布。

形态特征:多年生草本,高 17~23 cm。根状茎圆柱形,呈结节状,周围长出密集细长之根。叶均基生,具长柄;叶片两侧不相等,轮廓长卵形,长 6~12 cm,宽 5~8.9 cm,先端短渐尖,基部心形,两侧不相等,窄侧呈圆形,宽侧向下延长达 1~2.2 cm,呈宽而圆的耳状,边缘具不等浅三角形之齿,齿尖带长芒,芒长可达 3~4.5 mm,上面深绿色,散生长硬毛或近无毛,下面淡绿色,散生短柔毛,沿脉较密,掌状6~7条脉,上面不明显,下面明显突起;叶柄长 4~11.2 cm,有棱,密被褐色长硬毛,上部更密;托叶膜质,褐色,早落。花葶高 10~13 cm,具棱,近无毛。花2朵,生于茎顶;花梗长 1.2~2.1 cm,具棱近无毛;雄花:花被片4,外轮 2 枚长圆状卵形,长约 1.3 cm,宽约 8 mm,先端圆钝,内轮花被片2,长圆状披针形,长约 9 mm,宽约 3.5 mm;雄蕊多数,整体呈椭圆形,花丝长约 2 mm,花药长圆形;雌花未见。

蒴果3翅,一翅特大,呈宽披针形,长1.5～2.5 cm,先端圆,无毛,有明显脉纹,其余2翅较窄,长约3.5 mm,呈新月形。花期5月份,果期8月份。

(2)丝形秋海棠(*Begonia filiformis* Irmsch.) 产广西(龙州、隆安、德保)。生于路边林下潮湿的岩石穴内。

形态特征:多年生草本。根状茎粗壮、扭曲,直径5～7 mm,有残存褐色的鳞片,节密,具多数长短不等纤维状根。叶均基生,具长柄;叶片膜质,两侧极不相等,轮廓宽卵形,或近圆形,长约9 cm,宽9～12 cm,先端短尾尖,基部极偏斜,呈斜深心形,窄侧宽达3 cm,呈圆形,宽侧向下延伸达3 cm,向外延伸宽达5.5 cm,呈宽大耳状,边缘有浅而较密之齿和芒,芒长1～1.5 mm,上面暗褐色,被褐色锉状弯毛,下面色淡,被褐色弯曲或卷曲长柔毛,沿脉很密,掌状7条脉,窄侧2条,宽侧4条,下面明显突起;叶柄长5～6.5 cm,比叶片短,密被褐色卷曲长毛;托叶早落。花葶高25～38 cm,被褐色开展长毛,毛长达1.4～1.8 mm;花绿色或带白色,4～12朵,呈2～3(4)二歧聚伞状,花序梗长23～40 cm,首次分枝长6～7.5 cm,二次分枝长3～5.5 cm,均被平展褐色长毛,毛长1～1.5 mm,苞片长圆状披针形,长4～7 mm,宽1.1～1.5 mm,先端有刺芒,边缘有较长的腺睫毛;雄花:花梗长1.5～2.3 cm,被褐色平展长毛,毛长1.4～1.8 mm;花被片4,外轮2枚大,长卵形,长10～12 mm,宽7～8 mm,先端圆,外被褐色长毛,毛长2～2.5 mm,内轮2枚小,长圆形,长5～7 mm,宽2.5～2.6 mm,先端钝,无毛;雄蕊多数,花丝长约1.5 mm,花药倒卵球形,长0.5～0.8 mm,顶端或多或少微凹,药隔微伸出,干时张开;雌花:花梗长2～3 cm,被褐色平展长腺毛,毛长1.4～1.9 mm;花被片3,外轮2枚宽卵形,长约9 mm,宽约8 mm,外面被褐色长毛,毛长达2 mm,内轮1枚,长圆形,长约6 mm,宽约2.8 mm,无毛;子房椭圆形,长5～7 mm,宽2.5～3.5 mm,散生开展褐色长毛,3室,有中轴胎座,每室胎座具1裂片,花柱3,基部合生,合生部分长约0.7 mm,2分枝,柱头外向螺旋状扭曲,并带刺状乳头。蒴果具不等3翅,大的近舌状,长4～5 mm,近等宽,被褐色卷曲长毛,其余2翅窄。近三角形,长1～1.6 cm,被褐色长毛。种子极多数。花期4月份开始,果期5月份开始。

(3)广西秋海棠(*Begonia guangxiensis* C. Y. Wu) 产于广西都安县的山洞中。

形态特征:草本。根状茎粗壮,表面不平整,直径约1.3 cm,被残存褐色鳞片和纤维状根。叶基生,仅1片,具长柄;叶片两侧不相等,轮廓宽卵形或近圆形,长约8.9 cm,宽约9.5 cm,先端短渐尖,基部略偏斜,深心形,窄侧约3.1 cm,宽侧宽约 4.6 cm,边缘有不等大三角形浅齿,齿尖带长芒,芒长 2～3 mm,上面深绿色,下面淡褐色,两面均被细长卷曲之毛,毛长 2.5～4 mm,上面更密,掌状 6 条脉,窄侧 2 条,宽侧 3 条;叶柄长约 15.5 cm,被褐色长卷曲之毛;托叶早落。雌雄花均未见。果序自根状茎抽出,高约 36.5 cm,疏被褐色长卷毛,有果 6～8 个,呈 3～4 回二歧聚伞状,首次分枝长 5～6 cm,二次分枝长 2.5～3 cm,三次分枝长 1.5～2 cm,果梗长约 4 cm,均被褐色卷曲长毛;苞片长圆形或三角状披针形,长约 8 mm,早落;蒴果下垂,轮廓倒卵状长圆形,长 1.5～1.7 cm,直径约 1 cm,被毛,1 室,具 3 个侧膜胎座,每胎座具裂片 2～4,常有分枝;具不等 3 翅,大的斜三角形,上方的边斜出,下方的边水平状,其余 2 翅窄,呈新月形,均被短硬毛;种子小,长圆形有纵棱,无毛。果期 4 月份。

(4)膜果秋海棠(*Begonia hymenocarpa* C. Y. Wu) 产广西融水、龙胜、那坡、天峨、金秀等大苗山中。生于山沟水边或山谷疏林湿处,海拔 500～700 m。

形态特征:多年生草本。根状茎横走,圆柱状,直径 4～6 mm,节处生出多数细长纤维状之根。基生叶未见。茎直立,高 40～50 cm,有棱,无毛。叶互生,有长柄,叶片膜质,两侧极不相等,轮廓长卵形,长 6～11 cm,宽 4.5～7 cm,先端短渐尖至短尾状渐尖,基部心形,窄侧呈圆形至截形,宽侧向下延伸,长达 1.2～2.5 cm,呈宽圆耳状,边缘有大小不等三角形之齿,上面深绿色,下面色淡,两面均散生短小刺毛,掌状 5 出脉,主脉斜出与叶柄呈 90°之角;叶柄长 3.5～8 cm,无毛;托叶膜质,早落。花粉红色,有花 1(3)～5 朵,呈聚伞状;花梗长 4～7 mm,无毛;苞片卵状披针形,长约 1.8 mm,边有缘毛;雄花:花被片 4,外轮 2 枚大,宽卵形,长 8～9 mm,宽10～12 mm,先端圆,脉纹明显,内轮 2 枚小,卵形,长 5～6 mm,宽 3～4 mm,先端圆;雄蕊多数,离生,整个密集成头状,花丝长 1.1～1.5 mm,花药长圆形,长 0.9～1 mm,药隔不突出;雌花:花被片 4,外轮 2 枚大,内轮 2 枚小,而不等大;子房 3 室,每室胎座具 2 裂片,具不等 3 翅,花柱 3,离生,柱头呈螺旋状扭曲,并带刺状乳突。蒴果下垂,长约 1.4 cm,具不等 3 翅,1 个较大,长约 6 mm,宽约 5 mm,另2 个近等大;种子极多数,小,长圆形或近卵球形,淡褐色,平滑。花期 7—8 月份,果期 9 月份开始。

(5)卷毛秋海棠(*Begonia cirrosa* L. B. Smith et D. C. Wasshausen) 又名皱波秋海棠。产云南富宁、广西那坡。生于密林下石上,海拔 1 000 m。

形态特征:多年生草本。根状茎长圆柱状,直径 8～12 mm,节密,被膜质的褐色的鳞片,生出多数细长纤维状根。叶均基生,2～3 片,具长柄;叶片两侧极不相等,轮廓斜宽卵形至斜近圆形,长 6～10 cm,宽 6.5～10 cm,先端短尾尖,基部偏斜,深心形,窄侧呈圆形,宽 2.5～4 cm,耳宽 3～4 cm,宽侧下延长达 1.5 cm,呈宽圆耳状,宽 4.5～6 cm,耳宽 3.5～4.5 cm,边缘呈不等大、细密的三角形之齿,齿尖带芒,芒长 5～1.2 mm,上面深绿色,散生短硬毛,下面呈紫褐色;被长卷曲硬柔毛,沿脉更密,掌状 5～7 条脉,窄侧 1～2 条,宽侧 3～4 条,在下面明显突起;叶柄长 8.9～11.5 cm,密被褐色卷曲长硬毛;托叶膜质,早落。花葶高 15～24 cm,有棱,密被长卷曲毛;花 8～10 朵,3～4 回二歧聚伞状;花梗长 3～3.5 cm,分枝和花梗密被带紫色长硬毛;苞片膜质,长圆形至卵状披针形,长 5～8 mm,先端渐尖,幼时边缘带毛,早落;雄花:花被片 4,外轮 2 枚宽卵形,长 7～8 mm,宽 5～6 mm,先端圆,有明显之脉,内轮 2 枚长圆形,长 4～5 mm,宽 2～3 mm,先端圆;雄蕊多数,花丝离生,长 1～1.2 cm,花药长圆形,长约 1 mm,顶端稍突起;雌花:花被片 3,外轮 2 枚,宽卵形,长 6～7 mm,宽 5～6 mm,先端圆钝,内轮 1 片小,长圆形,长约 5 mm,先端钝;子房长圆形,被毛,1 室,具 3 个侧膜胎座,每胎座具 2 裂片;花柱 3,柱头扭曲呈"U"形,并带刺状乳头。蒴果下垂,幼果轮廓长圆形至椭圆形,长 1～1.5 cm,被紫色长硬毛;翅 3,不等大,2 翅较大,呈半圆形,直径约 4 mm,另 1 翅较小,翅均被毛,果期 4 月份。

(6)鹿寨秋海棠(*Begonia luzhaiensis* Ku)　产广西鹿寨县。生于山坡下部石灰岩山地峭壁岩石缝中。

形态特征:草本。根状茎圆柱状,直径约 13 mm,有残存褐色鳞片和纤维状之根。叶全部基生,具长柄;叶片两侧极不相等,轮廓宽卵形至近圆形,长 8～11 cm,宽 12 cm,先端尾状渐尖,基部深心形,上面深绿色,无毛或沿脉有极疏硬毛,下面淡绿色,脉突起,沿脉有疏生硬毛,边缘有浅而密之齿,齿尖带芒,并常有浅裂,掌状 7～8 条脉,窄侧 3 条,宽侧 4～5 条,近中部呈羽状脉;叶柄长 5～19 cm,红褐色,散生长硬毛,近顶端较密;托叶膜质,脱落。花葶高可达 24 cm,无毛;花白色,8～12 朵;呈 3～4 回二歧聚伞状,花序梗长约 18 cm,首次分枝长约 2 cm,二次分枝长约 1 cm,花梗长 8～15 mm,均无毛;苞片早落;雄花:花被片 3,外面 2 枚,宽卵形,长 6～7 mm,宽 7～8 mm,先端钝,内面 1 枚长圆形,长约 4 mm,先端钝,基部楔形;雄蕊多数,花丝长约 1.2 mm,花药长圆形,长约 1.2 mm;雌花:花被片 2(?),子房无毛,1 室,具 3 侧膜胎座,胎座裂片 2(?);花柱 3,基部合生,柱头环状或头状。蒴果下垂,果梗长约 1.8 cm,无毛;轮廓椭圆形,长约 8 mm,无毛,具不等 3 翅,1 个大,呈长圆方形,长约 1.3 cm,宽约 1.1 cm,先端钝,另 2 个小,呈新月形,长约 5 mm,先端圆;种子极多数,小。果期 9 月份开始。

4. 兰科植物(*Orchidaceae*)

中国野生兰花约有 189 属 1 500 多种,广西是我国兰科植物分布最多的省(区)之一。2008 年,中国野生植物保护协会授予乐业、那坡和环江县"中国兰花之乡"称号。兰科植物的生境类型以地生和附生为主。

(1)带叶兜兰(*Paphiopedilum hirsutissimum*) 产广西西部至北部(龙州、天峨)、贵州西南部(兴义等)和云南东南部。生于海拔 700~1 500 m 的林下或林缘岩石缝中或多石湿润土壤上。印度东北部、越南、老挝和泰国也有分布。

形态特征:地生或半附生植物。叶基生,二列,5~6 枚;叶片带形,革质,长 16~45 cm,宽 1.5~3 cm,先端急尖并常有 2 小齿,上面深绿色,背面淡绿色并稍有紫色斑点,特别是在近基部处,中脉在背面略呈龙骨状突起,无毛,基部收狭成叶柄状并对折而多少套叠。花葶直立,长 20~30 cm,通常绿色并被深紫色长柔毛,基部常有长鞘,顶端生 1 花;花苞片宽卵形,长 8~15 mm,宽 8~11 mm,先端钝,背面密被长柔毛,边缘具长缘毛;花梗和子房长 4~5 cm,具 6 纵棱,棱上密被长柔毛;花较大,中萼片和合萼片除边缘淡绿黄色外,中央至基部有浓密的紫褐色斑点或甚至连成一片,花瓣下半部黄绿色而有浓密的紫褐色斑点,上半部玫瑰紫色并有白色晕,唇瓣淡绿黄色而有紫褐色小斑点,退化雄蕊与唇瓣色泽相似,有 2 个白色"眼斑";中萼片宽卵形或宽卵状椭圆形,长 3.5~4 cm,宽 3~3.5 cm,先端钝,背面被疏柔毛,边缘具缘毛;合萼片卵形,长 3~3.5 cm,宽 1.8~2.5 cm,亦具类似的柔毛与缘毛;花瓣匙形或狭长圆状匙形,长 5~7.5 cm,宽 2~2.5 cm,先端常近截形或微凹,稍扭转,下部边缘皱波状且上面有时有黑色毛,边缘有缘毛,内表面基部有毛或近无毛;唇瓣倒盔状,基部具宽阔的、长约 1.5 cm 的柄;囊椭圆状圆锥形或近狭椭圆形,长 2.5~3.5 cm,宽 2~2.5 cm,囊口极宽阔,两侧各有 1 个直立的耳,两耳前方边缘不内折,囊底有毛;退化雄蕊近正方形,长与宽各 8~10 mm,顶端近截形或有极不明显的 3 裂,基部有钝耳,上面中央和基部两侧各有 1 枚突起物,中央 1 枚较大,背面有龙骨状突起。花期 4—5 月份。

保护级别:国家一级保护植物,受《濒危动植物种国际贸易公约》(CITES)保护。

(2)银带虾脊兰(*Calanthe argenteo-striata* C. Z. Tang et S. J. Cheng) 产广东北部(从化)、广西西南部(龙州)、贵州西南部和云南东南部。生于海拔 500~1 200 m 的山坡林下的岩石空隙或覆土的石灰岩面上。

形态特征:植株无明显的根状茎。假鳞茎粗短,近圆锥形,粗约 1.5 cm,具 2~

3 枚鞘和 3～7 枚在花期展开的叶。叶上面深绿色,带 5～6 条银灰色的条带,椭圆形或卵状披针形,长 18～27 cm,宽 5～11 cm,先端急尖,基部收狭为长 3～4 cm 的柄,无毛或背面稍被短毛。花葶从叶丛中央抽出,长达 60 cm,密被短毛,具 3～4 枚筒状鞘;总状花序长 7～11 cm,具 10 余朵花;花苞片宽卵形,长约 1.5 cm,先端急尖,背面被毛;花梗和子房黄绿色,长约 3 cm;花张开;14 片和花瓣多少反折,黄绿色;中萼片椭圆形,长 9 mm,宽 4.5 mm,先端钝并具短芒,具 5 条脉,背面被短毛;侧萼片宽卵状椭圆形,长 10 mm,宽 5.5 mm,先端钝并具短芒,具 5 条脉,背面被短毛;花瓣近匙形或倒卵形,比萼片稍小,先端近截形并具短凸,具 3 条脉,无毛;唇瓣白色,与整个蕊柱翅合生,比萼片长,基部具 3 列金黄色的小瘤状物,3 裂;侧裂片近斧头状,长和宽均 7 mm,先端近圆形;中裂片深 2 裂;小裂片与侧裂片等大;距黄绿色,细圆筒形,长 1.5～1.9 cm,向末端变狭,外面疏被短毛;蕊柱白色,长约 5 mm;蕊喙 2 裂,钝形;药帽白色、前端收狭,先端喙状;花粉团狭倒卵球形或狭棒状,近等大,长约 2 mm,具短的花粉团柄,粘盘近方形。花期 4—5 月份。

保护级别:国家二级保护植物,受《濒危动植物种国际贸易公约》(CITES)保护。

(3)苞舌兰(*Spathoglottis pubescens* Lindl.)　产浙江、福建、湖南、广东(汕头、梅县、乳源、信宜、罗浮山、英德、肇庆等地)、香港、广西(融水、龙胜、贺州、金秀等地)四川、贵州和云南。生于海拔 380～1 700 m 的山坡草丛中或疏林下。

形态特征:假鳞茎扁球形,通常粗 1～2.5 cm,被革质鳞片状鞘,顶生 1～3 枚叶。叶带状或狭披针形,长达 43 cm,宽 1～1.7(5)cm,先端渐尖,基部收窄为细柄,两面无毛。花葶纤细或粗壮,长达 50 cm,密布柔毛,下部被数枚紧抱于花序柄的筒状鞘;总状花序长 2～9 cm,疏生 2～8 朵花;花苞片披针形或卵状披针形,长 5～9 mm,被柔毛;花梗和子房长 2～2.5 cm,密布柔毛;花黄色;萼片椭圆形,通常长 12～17 mm,宽 5～7 mm,先端稍钝或锐尖,具 7 条脉,背面被柔毛;花瓣宽长圆形,与萼片等长,宽 9～10 mm,先端钝,具 5～6 条主脉,外侧的主脉分枝,两面无毛;唇瓣约等长于花瓣,3 裂;侧裂片直立,镰刀状长圆形,长约为宽的 2 倍,先端圆形或截形,两侧裂片之间凹陷而呈囊状;中裂片倒卵状楔形,长约 1.3 cm,先端近截形并有凹缺,基部具爪;爪短而宽,上面具一对半圆形的、肥厚的附属物,基部两侧有时各具 1 枚稍凸起的钝齿;唇盘上具 3 条纵向的龙骨脊,其中央 1 条隆起而成肉质的褶片;蕊柱长 8～10 mm;蕊喙近圆形。花期 7—10 月份。

保护级别:国家二级保护植物,受《濒危动植物种国际贸易公约》(CITES)保护。

(4)匍茎毛兰(*Eria clausa* King et Pantl.)　产广西西部(凌云)、云南东南部

至南部和西藏东南部等地。生于海拔 1 000～1 700 m 的阔叶林中树干和岩石上。

形态特征:根状茎纤细,每相距 1～6 cm 着生 1 假鳞茎;假鳞茎卵球状或卵状长圆形,长 1.5～3 cm,粗 0.6～1 cm,常被一层多少撕裂或纤维状的鞘,顶生 1～3 枚叶。叶椭圆形或椭圆状长圆形,长 5～15 cm,宽 1.5～3 cm,先端渐尖或长渐尖,干时叶片两面有时具灰白色乳突,具 5～6 条主脉;叶柄长 1～3 cm。花序 1 个,少有 2 个,从叶内侧发出,长 8～10 cm,短于叶,疏生 2～6 朵花,花序柄长 2～2.5 cm,基部具 2 枚膜质鞘状物;花苞片在花序下部较大,卵形,长 4 mm,宽 3 mm,上部的三角形,长仅 1 mm 左右;花梗和子房长 5～7 mm;花浅黄绿色或浅绿色;中萼片长圆形,长 8～10 mm,宽 2～3 mm,先端钝;侧萼片镰状披针形,长 7～10 mm,宽 3～3.5 mm,先端钝,基部与蕊柱足合生成长近 4 mm 的萼囊;花瓣镰状长圆形,长 6～10 mm,宽 2～2.5 mm,先端钝;唇瓣轮廓倒卵形,长约 7 mm,宽 5～7 mm,3 裂;侧裂片近斜长圆形;中裂片宽卵形,长约 3 mm,宽 2～2.5 mm,先端钝;唇瓣自基部至顶部具 3 条纵贯的高褶片,褶片基部约 1/3 以下整齐,向上则呈波浪状弯曲,两侧的褶片在中裂片近基部处各分出一条波浪状弧形褶片;蕊柱长约 4 mm(连同花药);蕊柱足长约 3 mm;药帽卵球形,高约 1.5 mm;花粉团梨形,扁平,长约 0.5 mm,黄白色。蒴果椭圆状,长 1～1.5 cm,粗 6～8 mm;果柄长约 2 mm。花期 3 月,果期 4—5 月份。

保护级别:受《野生动植物濒危物种国际贸易公约》保护。

(5)足茎毛兰(*Eria coronaria* (Lindl.)Rchb. f.) 产海南、广西(十万大山、环江、凌乐)、云南南部及西北部和西藏东南部。生于海拔 1 300～2 000 m 的林中树干上或岩石上。

形态特征:植物体无毛,干后全体变黑,具根状茎;根状茎上常有漏斗状革质鞘,鞘长 6～7 mm,先端边缘白色;假鳞茎密集或每隔 1～2 cm 着生,不膨大,圆柱形,长 5～15 cm,粗 3～6 mm(干时),基部被 1 枚多少撕裂成纤维状的鞘。叶 2 枚着生于假鳞茎顶端,1 大 1 小,长椭圆形或倒卵状椭圆形,较少卵状披针形,长 6～16 cm,宽 1～4 cm,先端通常急尖或钝(小叶有时先端渐尖),基部收窄,无柄,主脉通常 9 条。花序 1 个,自两叶片之间发出,长 10～30 cm,具 2～6 朵花,上部常弯曲,基部具 1 枚鞘状物;花苞片通常披针形或线形,长 5 mm,宽近 1 mm,极少卵状披针形,长达 8 mm,宽 3 mm;花梗和子房长约 1.5 cm;花白色,唇瓣上有紫色斑纹;中萼片椭圆状披针形,长约 17 mm,宽约 5 mm,先端钝;侧萼片镰状披针形,长约 15 mm,宽近 5 mm,先端钝,基部与蕊柱足合生成明显的萼囊;花瓣长圆状披针形,与中萼片近等长,宽约 4.5 mm,先端钝;唇瓣轮廓长圆形,长 14~15 mm,宽 11~12 mm,3 裂;侧裂片半圆形或近长圆形,与中裂片几成直角或锐角;中裂片三角形或近四方形,长近 5 mm,宽 4 mm,先端急尖或近平截;唇盘上面具 3 条全缘或波浪状的褶片,自基部延伸到近中裂片顶部,并在中裂片分支出 2~4 条圆齿状或波浪状的褶片;蕊柱长约 5 mm;蕊柱足长约 5 mm;花粉团黄色。蒴果倒卵状圆柱形,长约 2 cm;果柄长约 3 mm。花期 5—6 月份。

保护级别:受《野生动植物濒危物种国际贸易公约》保护。

(6)束花石斛(*Dendrobium chrysanthum* Lindl.) 产广西西南部至西北部(百色、德保、隆林、凌云、靖西、田林、南丹)、贵州南部至西南部、云南东南部至西南部、西藏东南部。生于海拔 700~2 500 m 的山地密林中树干上或山谷阴湿的岩石上。

形态特征:茎粗厚,肉质,下垂或弯垂,圆柱形,长 50~200 cm,粗 5~15 mm,上部有时稍回折状弯曲,不分枝,具多节,节间长 3~4 cm,干后浅黄色或黄褐色。叶二列,互生于整个茎上,纸质,长圆状披针形,通常长 13~19 cm,宽 1.5~4.5 cm,先端渐尖,基部具鞘;叶鞘纸质,干后鞘口常杯状张开,常浅白色。伞状花序近无花序柄,每 2~6 花为一束,侧生于具叶的茎上部;花苞片膜质,卵状三角形,长约 3 mm;花梗和子房稍扁,长 3.5~6 cm,粗约 2 mm;花黄色,质地厚;中萼片多少凹的,长圆形或椭圆形,长 15~20 mm,宽 9~11 mm,先端钝,具 7 条脉;侧萼片稍凹的斜卵状三角形,长 15~20 mm,基部稍歪斜而较宽,宽 10~12 mm,先端钝,具 7 条脉;萼囊宽而钝,长约 4 mm;花瓣稍凹的倒卵形,长 16~22 mm,宽 11~14 mm,先端圆形,全缘或有时具细啮蚀状,具 7 条脉;唇瓣凹的,不裂,肾形或横长圆形,长约 18 mm,宽约 22 mm,先端近圆形,基部具 1 个长圆形的胼胝体并且骤然收狭为短爪,上面密布短毛,下面除中部以下外亦密布短毛;唇盘两侧各具 1 个栗色斑块,具 1 条宽厚的脊从基部伸向中部;蕊柱长约 4 mm,具长约 6 mm 的蕊柱足;药帽圆锥形,长约 2.5 mm,几乎光滑的,前端边缘近全缘。蒴果长圆柱形,长 7 cm,粗约 1.5 cm。花期 9—10 月份。

保护级别:受《野生动植物濒危物种国际贸易公约》保护。

(7)红头金石斛(*Flickingeria calocephala* Z. H. Tsi et S. C. Chen) 产于云南南部(景洪)。生于海拔 1 200 m 的山地疏林中树干上。

形态特征:根状茎匍匐,粗 5~6 mm,节间长 6~10 mm,每 7~10 个节发出 1 个茎。茎金黄色,下垂或斜出;第一级分枝之下的茎长 25 cm,具 3~4 个节。假鳞茎近圆柱形,长 4~6.3 cm,粗 7~9 mm,具 1 个节间,顶生 1 枚叶。叶革质,狭长圆形,长 8.5～12.5 cm,宽 1.4～1.6 cm,先端渐尖,花序出自叶腋和叶基部的远轴面一侧,通常具 1～2 朵花;花序柄长约 3 mm,被覆数枚鳞片状鞘;花梗和子房黄色,长 4 mm;花仅开放半天,随后凋谢,片和花瓣近柠檬黄色,中部以上向外反卷;中萼片卵状长圆形,长 10.5 mm,宽 3.5 mm,先端急尖,具 5 条脉;侧萼片斜卵状三角形,与中萼片等长,基部斜歪而较宽,先端急尖,具 4～5 条脉;萼囊几与子房交成直角;花瓣狭长圆形,长 9 mm,宽 2 mm,先端急尖,具 5 条脉;唇瓣整体轮廓倒卵形,基部楔形,长 12 mm,3 裂;侧裂片(后唇)淡橘红色,直立,倒卵形,先端圆形,摊平后两侧裂片先端之间的宽 7 mm;中裂片(前唇)长约 4.5 mm,前部橘红色,呈"V"形,摊平后呈扇形,前端宽 10 mm;唇盘从后唇基部沿前唇基部边缘具 2 条棕红色而稍带波状的褶脊,而褶脊在前唇的基部呈皱波状或小鸡冠状;蕊柱长约 3 mm,具长约 5 mm 的蕊柱足;药帽前端近圆形,其边缘不整齐。花期 6—7 月份。

保护级别:受《野生动植物濒危物种国际贸易公约》保护。

二、华南喀斯特地区原生特色花卉生境特点

我国华南发育以峰林为代表的热带喀斯特,地貌地形奇特,峰林连绵;土壤较少,裸岩多,土层薄,多被流水搬运,因而成土缓慢,土壤瘠薄。华南地区处于北回归线以南,气候温暖,受海洋性气候的影响,夏无酷暑,冬无严寒,适合多种植物生长。大部分喀斯特地貌以植被较好、水分较多的地区为主,植物生长茂盛,种类繁多,有热带雨林、季雨林和南亚热带季风常绿阔叶林等地带性植被。植被多为热带灌丛、亚热带草坡和小片的次生林,全区自然面貌的热带—亚热带特征突出。华南喀斯特地区原生特色花卉生境特点如下:

1. 光照

华南地区热资源丰富,夏长冬暖,平均日照 1 600～2 000 h。

2. 温度

华南喀斯特地区平均气温:广东为 20.4～26℃,广西为 16.8～23℃,海南为 26～28℃,台湾为 17.3～22.3℃。最冷月份平均气温在 12℃以上。无霜期 300～365 d,年积温达 6 500～9 500℃。

3. 水分

华南喀斯特地区雨量充足,降水量自东向南逐渐增多。平均年降水量为 1 000～2 000 mm,降水量中等偏上。干湿季节分明的气候特点,属热带、亚热带季风气候。

4. 土壤

华南喀斯特地区石灰岩地质构造的特殊性,使其极易产生隔离而独特的微环境,大多数报春苣苔属植物分布区域均十分狭小,不少种只分布在一个或少数石灰山上,说明在岩溶地区、岩溶山地及其山体丘陵中间的酸性土壤的隔断作用所产生的隔离现象对苦苣苔、秋海棠及兰科等物种形成起了相当大的作用。

5. 植被类型

华南地区位于北回归线以南的热带地区,属于亚热带常绿阔叶林和亚热带季雨林。华南地区喀斯特地区岩溶面积大,植被类型丰富,植物生境复杂多样。华南喀斯特地区原生花卉生于亚热带常绿阔叶林和亚热带季雨林林下肥沃、疏松,透气性好的腐叶土中、阴湿的岩石、陡崖阴湿处、流水经过的沟谷旁。疏松肥沃的土壤利于排水,这对植物根部生长和发育极为有利。

6. 地形

华南地区地形以丘陵、山地为主,喀斯特地区原生花卉常生于石灰岩山地、山坡林下的岩石空隙、石灰岩缝隙里或覆土的石灰岩面上、山坡草丛中、山地疏林中树干上、山地密林中树干上或山谷阴湿的岩石上。

7. 海拔高度

华南喀斯特地区由于纬度低,短距离地形高低悬殊,气候垂直变化显著,往往因地势升高、气温降低,形成复杂多变的环境。华南喀斯特地区原生特色花卉多生海拔 150～2 000 m 的石灰岩或此高海拔的树干上。

知识拓展

推荐的参考网站链接:

1. 中国植物志(http://frps.iplant.cn/)

2. 中国知网(http://www.cnki.net/)

3. 360 百科(https://baike.so.com/)

项目自测

1. 兰科植物的栽培方式有哪些?

2. 食虫植物的种类有哪些?

3. 哪些花卉可以利用水苔进行栽培?

4. 喀斯特地区原生特色苏铁品种的特性?

5. 喀斯特地区原生特色苦苣苔品种的特性?

6. 喀斯特地区原生特色秋海棠的特性？

7. 喀斯特地区原生特色兰科植物特性？

8. 喀斯特地区原生特色花卉生境特点？

项目小结

本项目介绍了部分特色花卉的种类、产地信息、栽培方式、栽培方法以及病虫害的防治措施,并详细讲解了如何在华南地区栽培特色花卉。

通过了解喀斯特地区原生特色花卉生境特点,了解华南喀斯特地区 4 个科属的原生特色花卉的共性,了解 25 种原生特色花卉的形态特征。

参 考 文 献

[1] 陈杏禹,李立申.园艺设施[M].北京:化学工业出版社,2011.

[2] 汪李平,杨静.设施农业概论[M].北京:化学工业出版社,2017.

[3] 郭世荣,王健.园艺设施建造技术[M].北京:化学工业出版社,2013.

[4] 于晶.设施园艺植物与环境[M].银川:宁夏人民出版社,2014.

[5] 鲍士旦.土壤农化分析[M].北京:中国农业出版社,2000.

[6] 陆建刚.国内外新型肥料的开发[J].化肥工业,1994.

[7] 龙秀文,林杉,游捷,等.施氮量和 CAU31 系列控释肥对矮牵牛生长和观赏品质的影响[J].河北农业大学学报,2004.

[8] 侯翠红.控制释放肥料养分释放特性的研究[J].磷肥与复肥,1998.

[9] 林葆,李家康,金继运.中国肥料的跨世纪展望[C]∥中国国际农业科技年会,1999.

[10] 张宪春.中国石松类和蕨类植物[M].北京:北京大学出版社,2012.

[11] 王雁.卡特兰[M].北京:中国林业出版社,2012.

[12] 王雁.石斛兰[M].北京:中国林业出版社,2015.

[13] 夏洛特.食虫植物观赏与栽培图鉴[M].北京:人民邮电出版社,2017.